建筑与室内钢笔表现技法

朱瑾 张建超 许晶 著

ARCHITECTURE AND INTERIOR SPACE PEN DRAWING TECHNIQUE

U0377570

东华大学 出版社

目 录
CONTENTS

01

绪论

第一章 绪论

钢笔画也称硬笔画，顾名思义，就是以针管笔、弯头美工笔、水笔等硬质笔尖工具绘制的图画。钢笔画起源于欧洲，虽属于小画种，但却以工具简便、易于操作等特点见长。它以线条勾勒形体轮廓和结构，通过各种排线技巧以及构成方式表现空间层次、明暗关系、光影变化以及材料质感。

钢笔画不仅是一种绘画语言，同时也是造型艺术与设计的载体。其因快速、准确、简练等优势而被设计师广泛应用于素材收集、视觉笔记、草图绘制、成图表现中。钢笔手绘表现在我国高等美术教育中也有着重要地位，成为建筑设计、室内设计、环境艺术设计、景观设计、城市规划、园林设计等学科的专业基础课程之一。

第一节 溯源及特点

一、溯源

钢笔画作为素描艺术的一种，其起源可追溯至古埃及。早在 3000 多年前，古埃及人就制作出芦管笔和石笔，蘸着墨水在羊皮纸或纸莎草纸上作画。公元 7 世纪，欧洲人开始使用鹅毛笔，尔后使用钢笔及自来水笔等来绘制油画草图、书籍插图以及装饰画。如米开朗基罗、丢勒、伦勃朗、毕加索、马蒂斯等创作的钢笔素描与速写，都是传世之作。19 世纪末，钢笔画逐渐成为独立的画种，其表现特征逐步成型，并在欧洲国家得到普及。

公元 16 世纪，意大利人利玛窦带来了与钢笔画有密切关系的铜版画。明国初年，钢笔画曾以较简单的线条勾勒形式出现在上海的戏剧海报上。20 世纪四五十年代中国钢笔制造业有了长足发展，之后随着试制成功的针管笔传入我国，钢笔逐渐成为大众书写与绘画表达的工具；钢笔画就此也融入了一些素描理念。一些书籍、报纸、杂志中先后刊登了以排线略带影调的插图和片花。同时，它也成为连环画、漫画表现的主要方式之一。

二、特点

1. 符号学特征

从某种意义上讲，建筑钢笔画是抽象性的绘画形式，这一特质决定了其在总体结构与运演方式上具有一定的符号学特征。线条、黑白图底关系及其构成方式三个要素就是建筑钢笔画的符号化编码；绘画者通过挑选、组合、转换、再生这些元素，汇集成为指涉自己思想的"所指"概念。同时，建筑钢笔画反映的对象是具有严格建构逻辑的建筑物，因此应该通过符合透视科学与重力原则等的艺术语言有条理地去"陈述"。尽管绘画不是一种推理符号，但我们可以将其表述技巧与语言学的结构模式做类比，从而掌握其基本规律。

2. 概括还原性

建筑钢笔画对结构的抽取和光影的表达都是概括化的，它将三维物象在客观上并不存在的轮廓以线条方式固化下来，同时再以不同方向的平行、交错或圈绕的线条构成来描摹固有明暗，以表达空间感和受光后的变化。不同于素描以柔和细腻的笔调反映受光下物象由暗到亮的流畅转变以及真实感受，钢笔绘画更有利于提高我们的视觉修养，它需要我们观察明暗色调，感受光与影的关系，尽量将影调简化成黑、白、灰几个层次，形成纯粹的画面感受（见图 1-1）。

建筑钢笔画也可看作是某种意义上的黑白构成。一些作品更趋于采用黑白反衬的手法，它们并不反映客观角度下的受光关系，而只关心图形学意义上的黑色、白色在画面中的分量是否均衡，是否相互渗透穿插；三维的场景也可以被描绘成二维的具有装饰效果的平面构成（见图1-2）。

3. 丰富的想象空间

在众多建筑钢笔画中，我们可以看到同一性与差异性并存。从艺术创造的主观性与自发性来看，钢笔画语言的符号化并不会带来画面感受的单一或程式化感受；相反，有共同的母本的元素或结构组织规律通过自相似的衍生或变形，会产生及其丰富的语汇与表现力。在荷兰画家埃舍尔的钢笔画中，甚至把数学的精准以图形方式转译出来，大胆挑战视觉规律，使人们对空间的形态、方向等判断受视线局限、视像停留等因素的影响而产生视错觉和心理幻象（见图1-3）。

另一方面，钢笔画并非浓墨重彩，而是跳跃式和有重点地表达绘画者的体验，着墨不多，却事半功倍（见图1-4）。留白艺术及其产生的不完整性构图形式也是建筑钢笔画典型的特征之一，它赋予了画面意境的延续性。留白是一种以虚白巧设空景、使实景更加突出的画面构成方式。正如中国传统绘画中的"计白当黑"的形式，其所强调的是一种形式上化繁为简、以少胜多、以有限含无限的有节制的美学构成，正所谓"无画处皆成妙境"[1]。观者在欣赏钢笔绘画作品时，受个人审美、周遭环境、人文背景等的影响，产生对意境的创造性复原，作者未完成的画外意涵是通过观者因循着联想而被补偿完成的（见图1-5）。

图 1-1 将影调简化为黑白两个层次，更能表达理性的结构特征。

57.–58. Entstehen des Gitters

59. Gitter für Bildgalerie

56. Bildgalerie, Lithographie, 1956

（上）图 1-2 以线条反映各建筑廓形与
夸张的明暗层次。

（下）图 1-3 埃舍尔作品《画廊》。画
家从变换的几何网格出发绘制出变形的
魔幻空间。（图片来源：Bruno Ernst.
Der Zauberspiegel des M•C•Escher.
Köln: TASCHEN GmbH, 2007:36）

图1-4 留白处理使构图具有不完整性。

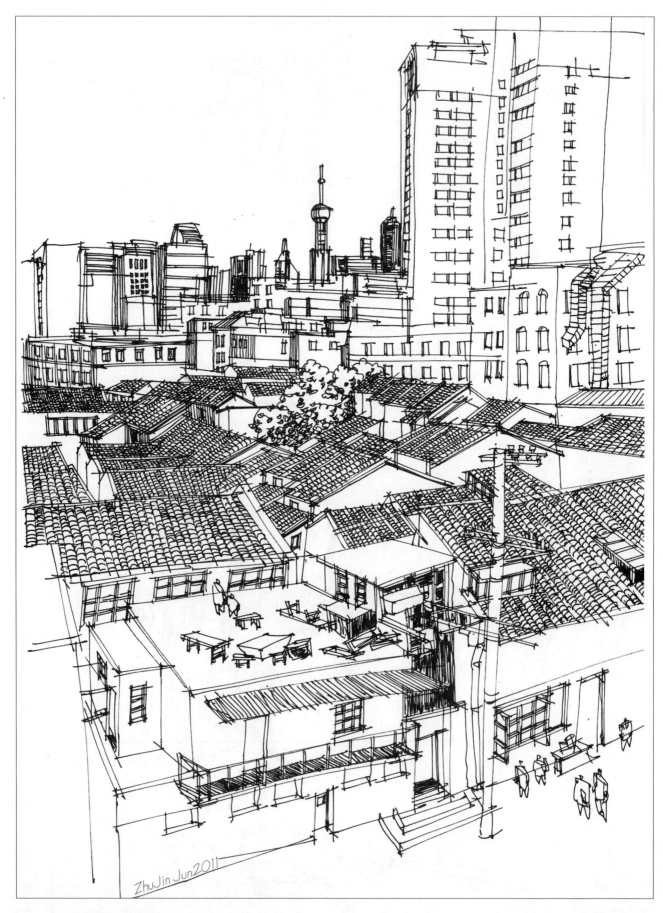

图 1-5 观者通过画面中新旧建筑对比而产生联想。

第二节 绘画工具

钢笔画虽然是小画种，但其工具特性使其具有与其他画种不同的审美特征与表现魅力。钢笔画使用硬质笔尖汲取墨水作画，画面整洁一新；而使用铅笔、炭笔等工具作画，较容易留下擦痕或弄脏画纸。同时它还不宜褪色，可长期保存；在制版印刷、复制、扫描过程中能最大限度地避免原作失真。另一方面，钢笔画所需画具不多，对材料特性要求也并不严苛。工具简单便携，几乎可随时随地即兴练习、写生或记录；无论是外出旅游还是在设计施工现场，一支笔和一个速写本即可。这也是钢笔画受艺术家和设计师亲睐的原因之一。

一、笔类

1. 针管笔

针管笔钢制圆环笔头内藏着一条活动的细直探针，与直尺或模板配合，可作出均匀的直线和曲线。其因笔尖粗细而分为 0.1、0.2、0.3……1.2mm 等不同规格，便于绘制不同等级宽度的线条。它常用于机械设计和建筑设计等较工整严谨的工程制图；但在风格自由的钢笔速写中，不常采用针管笔；因为虽然其线条细腻，但不利于快速运笔，使画面形呆意滞。常见的针管笔有一次性和墨水注入式两种。墨水注入式针管笔需在用后及时浸泡清洗笔尖，否则易被纸纤维和墨水堵塞。

2. 弯头钢笔

弯头钢笔是把笔尖加工成弯曲状、并借助笔头倾斜度营造或粗或细的线条效果的美术用钢笔。弯头钢笔的线条表现力很强，将笔头尖端垂直于纸面，则线条较细；若将笔倾斜，以根部平面触纸，则线条粗阔。选择美工笔时，应注意弯曲笔尖的长度与角度，弯曲长度多为 1~3mm，弯曲角度从 45° 倾斜到 90° 垂直不等。一般弯曲越长、越利于宽笔触表现，但倾斜角度不宜过大，否则作画握笔不方便。

3. 蘸水笔

蘸水笔利用金属笔尖不断蘸取墨水，并能根据所蘸墨水量与运笔力度、角度与而产生浓淡不一粗细变化的线条；其在下笔与收笔时都会因停顿而产生小圆点或略粗的笔锋。有的画家甚至还自行磨制笔尖，以调节宽度与笔触形式。

4. 艺术笔

近年出现的艺术笔笔尖为直头，外形类似蘸水笔，但内置一次性塑料墨管，无须蘸墨，应与新鲜墨管配套购买；也可配吸墨器与专用墨水，这样较经济；其笔尖硬挺，分中粗、细和极细等型号。常见的有德国产的 Roting Art Pen。艺术笔笔柄较长，握笔处离笔尖越远，则越放松，能一笔绘出又长又直的线条。如遇笔尖堵塞或出水不畅，则首先应检查墨管是否过于陈旧，其次可用湿润的海绵轻触笔尖。

5. 刀笔

刀笔主要用来修改画面或工程图纸中不满意或错误的线条，用它轻轻削去薄薄的一层纸面，可以继续在原处重画，是有效的修改弥补方法。刀笔可以自己做或利用锋利的刻刀、手术刀或单面刮胡刀片来代替。

二、墨水

墨水以黑色为主，应选用鲜少杂质与沉淀的碳素墨水为宜。如需要调节线条浓淡，还可以在墨水中加入蒸馏水。墨水壶用来盛放墨水，为了便于携带，最好能用塑料瓶当作墨水壶，这样在旅行过程中不易破损。

三、纸张

钢笔画宜选用表面较光滑、遇水不易洇渗变形的纸张，如 80g 复印纸、绘图纸、卡纸等。值得注意的是，纸面应有少量吸水性能，如采用硬质铜板纸的光面作画，则墨水不能"吃"进纸张，慢干、且易污损。使用白纸作画，黑白对比强烈，画面效果清晰明朗；而如使用色纸作画，画纸底色则成为画面中间色调，使画面统一而柔和。一些画家还尝试在宣纸或缎面上作画，以追求如同国画白描的洇渗效果。

常见问题及窍门：

1. 一般纸张都有正反面，以钢笔在边角轻划测试，有轻微洇渗的是反面。

2. 直尺或模板一般也有正反面，反面在角部有突出小圆球托承尺面，使其腾空，当笔倚靠尺作画时，墨水就不会渗透到尺下而污染画面。也可以自行在尺的四角黏贴硬币将尺腾空。

钢笔表现基础训练 02

第二章　钢笔表现基础训练

第一节 线条与廓形

钢笔画中，线条几乎是唯一的造型语言与表现元素，物象的内外、轮廓、姿态、体积几乎都靠一只笔完成。相对铅笔画而言，钢笔线条无浓淡层级变化，缺乏丰富的灰调；但就此意义上讲，钢笔画相对铅笔画是更纯粹的黑白艺术。另外，钢笔不象铅笔或炭笔那样软滑而富弹性，因而运笔时也不容易放松，但线条更加纯熟果断，更有力量感，传达信息的方式也更直白化。无论是表现景物基本属性还是画面结构，线条都是钢笔画中最核心的载体，同时也成为独立要素被欣赏。

一、线条

1. 线条类型

不同形态的线条的性格特质与情感指向也各不相同。直线分水平、垂直、斜向等。水平或垂直等正交的直线较安定稳重。斜线中，45°斜线依然指向对称性或中心；而其他锐角斜线反而强调持续的运动感与速度感，易形成紧张的画面气氛，因此画长斜线时，运笔应尽量快速而果断，以呈现锋利的似刀刮的效果。曲线有几何曲线和自由曲线。几何曲线如圆或弧线理性饱满，其唯一性决定了它无可替代的精准性；在建筑绘画中要求一笔到位，稍有偏差则影响全局；因此需要反复练习如何依靠手腕力量，以腕部为"圆心"，手为"半径"快速做圆弧。自由曲线连续变化，柔软轻快，表达生长态势。

线条有长短粗细、刚柔轻重、虚实疏密、顿挫起伏等多种变化和对比。长线能引导连贯的视线，而短线则传达跳跃局促的情绪。粗线条一般用于被强调的轮廓及结构转折处、或者建筑与室内设计三视图中的剖断线，细线条则用于细致入微地进行局部刻画或者三视图中的投影线。工整的建筑成图画面中如果有线条等级变化则视觉层次更丰富，而速写类则无须刻意安排线条等级，尤其是使用粗线时，要避免呆板和做作（见图2-1）。

2. 运笔方式与笔触

传统中国画中的一些笔法技巧对原属西画范畴的钢笔绘画也有许多启发。

图 2-1 速写无需刻意安排线条等级，改变美工笔笔头方向，粗细并济。

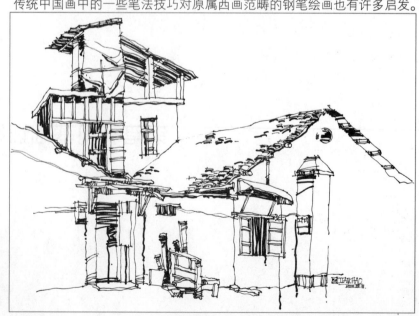

运笔原指硬笔或软笔书法或绘画中，对于起收、提顿、转折等笔法、笔锋以及运力技巧的处理[2]。书法中称笔锋无变化，便是死法；钢笔画的线条运作方式，同样讲究画面气韵。南宋姜夔《续书谱》称："……当以腕运笔。执之在手，手不主运；运之在腕，腕不主执。[3]"事实上，书法运笔分枕腕、悬腕、提腕等不同方式，而钢笔画多采用前两者，握笔松紧适度，坐姿挺直为宜。虽是硬笔画，对笔法要求没有书法那么严苛，但也讲求：起笔干脆洁净，顺入成方，逆入成圆；转折中运笔带方形表示硬，转折中带圆柔表示软；方笔凝神沈着，圆笔逍散超逸。笔锋下压纸面为顿笔，笔锋上扬为提笔，提顿交错才能体现轻重力度。运笔节奏慢而顿挫表示其稳固，运笔平而均匀则表示严谨[4]。当然绘画更多的是从自主感知到自由发挥的过程，越熟练亦越放松，最终是手不自觉地带动笔，而不是先思考再运笔。

笔触是指作画过程中画笔接触画面时所留下的痕迹。笔随形走，笔触虽

图 2-2　随性的斜向笔触使画面增加了感性的成分，同时也成为风格"标签"。

为表征技巧，同时还表意、表情；它不仅反映出画者的艺术个性和修养，同时涉及情绪及潜意识，是画面风格的重要构成（见图 2-2）。风格无法模仿，但可以自我发掘与培养。初学者在循序渐进的练习过程中，一方面应加深对画具特性的了解，另一方面也要逐渐建立自信，免除对笔触不够流畅的顾虑。作画时无须时刻关注笔触，这样反而容易紧张；只要在练习的过程中慢慢体会感悟，具有个人风格的笔触就会自然而然地形成。

3. 单线与并置线条

单线一般用于界定边缘，要表达面与体量关系则要依靠并置线条。线条排列可以采用平行长线、斜向对接短线、圈绕、打点等方式（见图 2-3）。改变线条疏密可以调节面的明暗程度；画最暗的地方时，还可以采用并置线条层层叠加的方法来绘制。但要注意，钢笔画排线与铅笔素描不一样，钢笔线条条分明，摆脱了素描画法对线条表现力的制约，即使是排线，也不要忽略运笔而"涂抹"，使画面显得"脏"。另外，同一画面中尽量采用相同或接近的排线方法，尽量不要同时使用圈、点、交叉、平行等各种手法，这样才能保持画面构成的统一（见图 2-4、图 2-5）。平行线一般既可以顺应结构与材料肌理，又可以依照透视关系来排列，线条都朝灭点消失。

常见问题及处理技巧：

1. 尝试以弯头美工笔画出三种不同宽度的直线、曲线，漫无目地地绘制一些随机的图形，注意运笔速度、运笔方向，改变力度与角度，体会手对笔的轻松驾御（见图 2-6）。

2. 先画一条长直线，继而绘制其平行线；逐渐增加线的长度，保持平稳；调节平行线之间的间距；再绘制 90°、60°、45° 相交线条，加快速度，体会运笔的起落方式（见图 2-7）。

图 2-3 不同类型线条的组织练习。

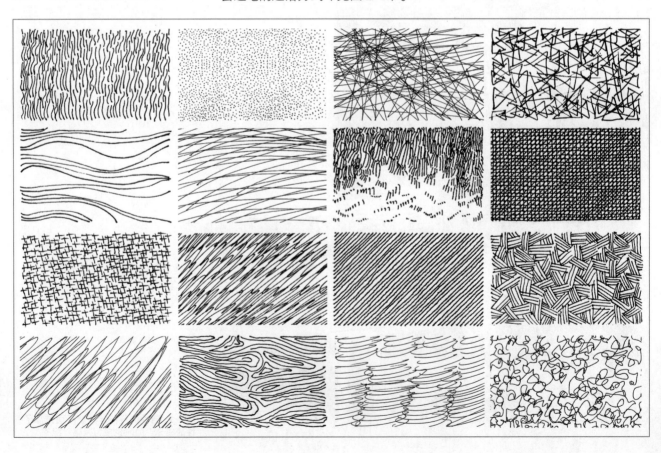

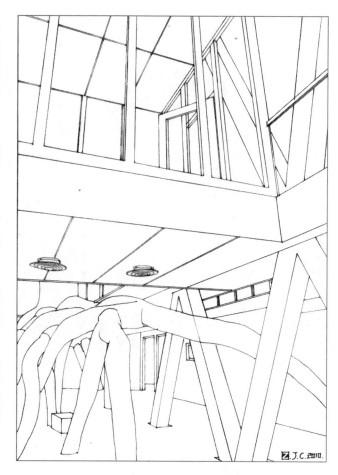

图 2-4 工整的几何线条利于清晰地表达结构；平行并置的线条带来安定的画面效果；斜向浓密短线条及其构成的不规则外轮廓打破了静态感受，使画面产生装饰意象。

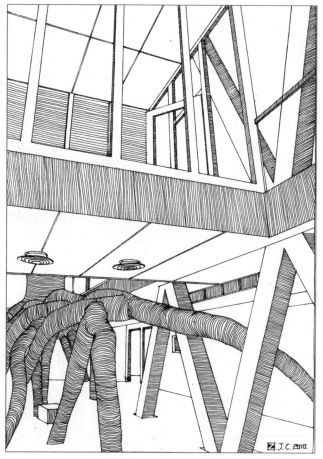

（上）图 2-5 垂直线条使建筑指向天空，
加大与人的心理距离；打点则弱化了对
比，柔和细腻。（作者：凌佳）

（下）图 2-6 以不同线条随机绘制的图
形。

图 2-7 徒手绘制不同角度的线条。

二、廓形勾勒

以线造型是中国画白描的特征，无论是单勾还是复勾都讲究流畅自然。顾恺之的《女史箴图》中，线条周密，紧劲连绵，如春蚕吐丝，春云浮空[5]。李公麟的《五马图》线条健拔却有粗细浓淡，形神毕肖，气韵飞动；虽为现实题材，却又有文人情趣[6]。从西洋画视觉逻辑上来看，轮廓线随透视角度和视点变化而变化，它是某个面在一定角度变窄变扁、进而呈现出来的一条边缘线，所以外轮廓线也是形体消失的界限。

对边缘轮廓的观察也是一次从点到线的"视觉触摸"过程。先注意物体转折处，并假想此处有几个关键的定位点，试着用动态视线将这些点顺着一个方向连起来，体会形体的骨骼架构，同时感受轮廓线条是对块面关系的一种肯定性界定。绘制建筑轮廓，还需要掌握不同建筑类型以及特征。学习用视觉量化的方法分析整体形态的比例与尺度，用完形形态抽象概括出整体几何式样，并将不同部位拆分、简化，同时关注细节构成。需要意识到任何一处，大至建筑主体，小至门窗、隔断、雨蓬、平台、踏步、扶手甚至一片材料都是有的三维关系的体量，这些结构都应该被绘画语言解释清楚。因此，廓形绝对不止局限在边线意义上。

在结构关系清晰的基础上，线条粗细以及方向上的微妙变化也能体现绘画者对形体转折以及交界线的强调、取舍和阴阳向背、虚实强弱的关系，同时还反映出物体与物体、物体与背景之间的距离。一般受光处的轮廓较实，画时应一笔带过；而背光面与阴影衔接的地方则廓形较虚，模糊不清，廓形与影调相互融合，可以用用断续短线反复勾勒。相对风景画而言，建筑与室内空间更为复杂理性；反映出结构才利于提高物象的可识别度；因此，结构是否"交待"清楚是第一步，也是最重要的一步。有的建筑画甚至只有结构线，如处理得当，画面语言也已足够丰富了（见图2-8）。以现代几何造型为主的建筑物廓形要挺直，徒手画长线时宁可有小的抖动也要保持整体方向的准确，甚至可以用尺辅助作出几条主要控制线。

常见问题及处理技巧：

1. 描图练习。对于初学者，也可以先以透明硫酸纸描绘现成钢笔画作品或照片，体会如何有效地抽取空间骨骼线与轮廓（见图2-9）。

2. 画轮廓时先以铅笔作底稿，画出大概的透视关系；然后应从前景着手、从近到远，这样才能反映前后遮挡关系，不至于误笔。

图2-8 只用线条勾勒清楚复杂的结构关系，但画面并不单调。

图 2-9 描绘照片，勾勒廓形。

第二节 明暗与影调

物体受到光的照射以后，产生五大明暗区域：受光部、中间色阶、明暗交界线、反光、影子，个别光滑质地的形体会产生高光。钢笔画除了单线勾勒法之外，还可以通过排线来细致地刻画出对象不同层次的素描关系，以表现受光关系、体积感、空间感和质感等（见图 2-10~ 图 2-18）。

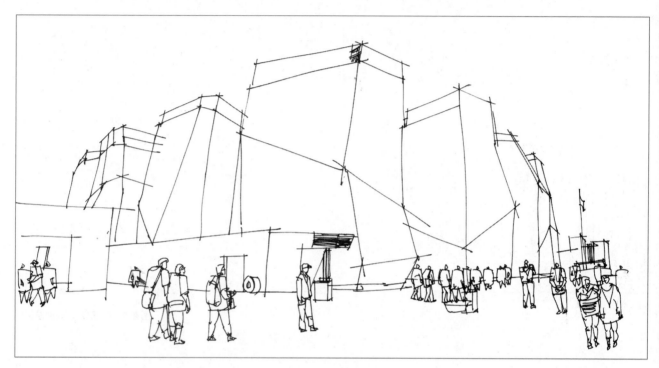

（上）图 2-10 2010 年上海世博会俄罗斯馆（步骤一）：先单线勾勒廓形，人物要先画。

（下）图 2-11 2010 年上海世博会俄罗斯馆（步骤二）：从远到近刻画明暗，确定基调。

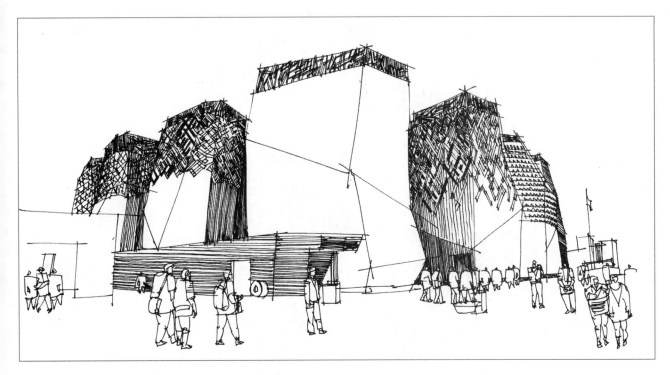

（上）图 2-12 2010 年上海世博会俄罗斯馆（步骤三）：以排线的方式既表现明暗层次，又将每个单体上部的东欧装饰纹样融入其中进行表现。

（下）图 2-13 2010 年上海世博会俄罗斯馆（步骤四）：进一步完善调整，注意近景留白。

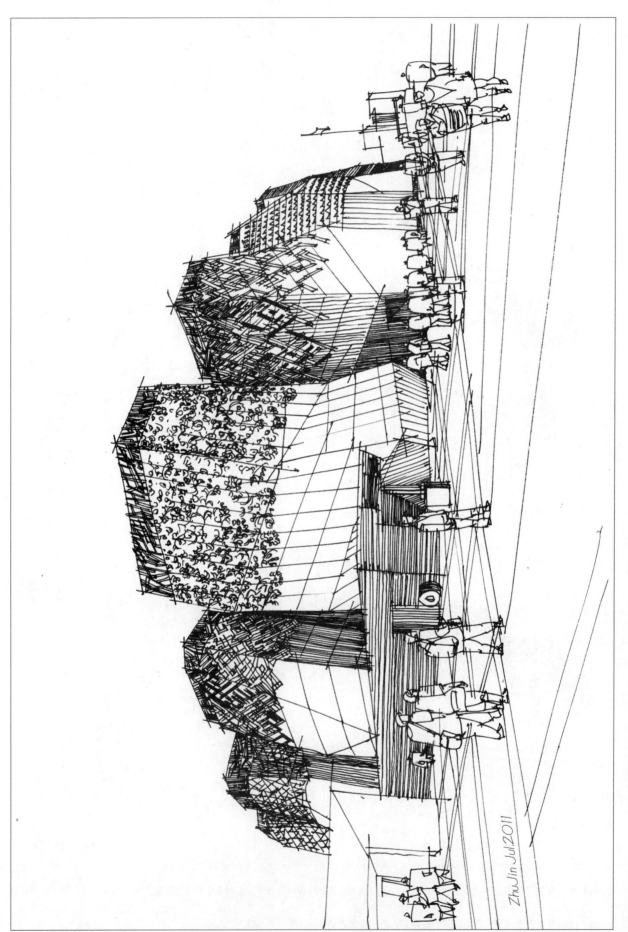

图 2-14 2010 年上海世博会俄罗斯馆（完成作品）：画出地面线，注意配景的透视关系。

（上）图2-15 某餐厅室内空间（步骤一）：先勾勒空间界面以及桌椅家具轮廓。

（下）图2-16 某餐厅室内空间（步骤二）：将远景酒柜以及柱子饰面材料进行较详细地刻画，同时铺陈影调大关系。

（上）图2-17 某餐厅室内空间（步骤三）。
根据画面黑白构成的需要，将地面整体
降调为暗部以凸显家具布局。

（下）图2-18 某餐厅室内空间（步骤四）。
对画面进行调整，增加灰度层次。

一、调子层级以及阴影、倒影

　　进行影调处理之前要分析画面的调子层级，以便把握明暗基调。由于钢笔线条不易修改，线条与线条之间易进行叠加而不便做减法，所以应先画亮部，再画暗部与影子，从浅入深（见图2-19）。例如在画室内空间时，应首先应根据材料固有色来明确顶部、墙面、地面以及家具谁最亮、谁最暗，一般墙面或顶面较轻，地面较重。其次考虑受光关系，一般室内多为从顶部垂直向下入射的较均匀的光线，因此家具上表面应该最亮，其次是家具侧面，而在家具正下方往往有一块正平行投影状的影子。

　　在画室外建筑时，则应该依据在不同季节与时段，太阳入射的方位角和高度角来绘制合理的阴影关系。阳面与阴面的交界线称为阴线，影子图形的边界线称为影线；影线其实就是阴线的影子，有几条连续的阴线，就有几条能围合成闭合影子图形的影子轮廓线。太阳高度角越高，影子就越浅。对于阴影，由于缺乏视觉经验，很容易出错，因此平时应该在晴好的天气下多观察建筑物及细部的受光情况，找出承影面，体会其规律（见图2-20）。

　　在画濒水建筑时，还要画出倒影。求作倒影时，只需在立面图中补出一个与之镜向的在水中的立面，再利用这个新的立面图进行量高，作出倒影的透视（见图2-21）。

　　一般建筑主体的影调关系可以处理得较细腻，而配景中建筑物、车辆、环境设施、植物、人物等则应弱化对比使其平面化、甚至只勾勒轮廓结构而不做影调处理。

　　值得注意的是，钢笔画中明暗处理一般比真实受光关系更夸张。因为

图 2-19 影调前后画面。在结构的基础上，先以斜线将整体除亮部外全部降成灰调，再以步步叠加刻画暗部。

（上）图 2-20 平行透视中建筑物落在地面上的影子也呈水平方向。

（下）图 2-21 水中倒影是建筑镜向立面的透视。

没有色彩配合，所以物体结构与肌理都只能依靠墨色层次来体现。通常表现时应加强明暗对比，该亮的部分尽量提亮，该暗的地方应该更暗；有的还需考虑黑白反衬关系，以免物体、空间结构与界面混淆不清。如图（2-22）中沙发的处理就没有再细分影调层次而是全部留白，这样反而轮廓清晰，成为画面重点。其次，钢笔画中影调刻画往往与质感融合在一起处理，而不是用一种笔触先画好肌理，再叠加另一种笔触的影调，这样就会显得凌乱。

二、平涂与退晕

在反映调子与块面关系时，有平涂和退晕两种方法（见图2-23）。平涂通常指用统一笔触等距离排列，形成匀质的视觉密度，远看深浅浓淡一致。这种方法通常适合表现建筑中较小的块面以及并不强烈的受光关系，其整体感较强，画面较稳定。退晕通常逐渐改变笔触大小与间距，形成从浅到深或从深到浅的均匀变化。退晕适合于大块面的渲染以及光照下某一界面上细腻微妙的明暗变化。如图（2-24）中建筑屋顶角部到中央采用排线的方法从深至浅；而图（2-25）中墙面采用打点的方法从转折部位开始逐渐变浅，既强化了轮廓结构，又避免了大面积重色块的沉闷。

常见问题与处理技巧：

1. 在建筑绘画中，建筑主体落在地面上的阴影与烟囱、门窗构件等落在不同界面上的阴影方向应该一致，而且与配景植物、车辆等的受光关系相统一。

2. 尝试在色卡纸上画钢笔画。卡纸本身的颜色就是画面的中间灰调，使画面更统一。比如选用褐色系的卡纸画中国传统建筑，画面感受更显古拙浑厚（见图2-26、图2-27）。

图 2-22 影调前后画面。沙发并未分明暗而是考虑与暗调子地面的反衬关系，其轮廓显得更加分明。

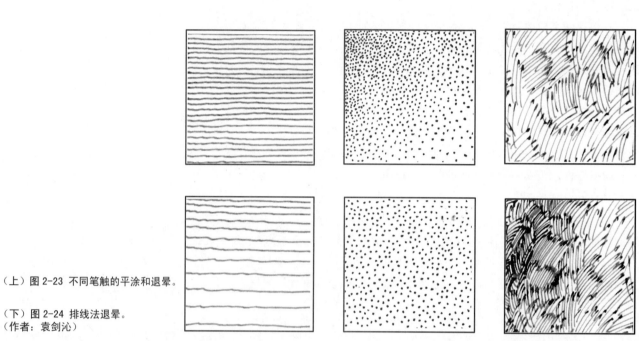

（上）图 2-23 不同笔触的平涂和退晕。

（下）图 2-24 排线法退晕。
（作者：袁剑沁）

图 2-25 打点法退晕。
（作者：王闻皓）

（上）图 2-26 在色卡纸上绘制徽州民居室内仿佛再现出室内昏暗陈旧的气息。

（下）图 2-27 色卡纸的底色与 2010 上海世博会卡塔尔外墙土坯材料色一致，为画面奠定了基调。 （作者：陈一凡）

第三节 材料与质感

质感是指不同物态在触觉及视觉上的物理特质感受,如软硬、轻重、光滑、粗糙等。建筑及室内饰面材料种类繁多,其表现方法、线条组织方式也各异。质感表现既要客观,同时又有程式化抽象处理特征。对于质感的表达无须面面俱到,而应采用概括的语言将真实的肌理关系简化,使质感始终附着于界面上。画时应该抓住其在固有色泽明暗、纹路方向、铺陈形式等方面容易为人所辨知的特点。如在表现砖瓦、凿毛石材、布面、地毯等粗糙质地时,其明暗对比不强烈,调子柔和渐变,反光不明显,因而宜采用粗放松散的画法。而在表现高抛光花岗岩、玻璃、瓷器、金属以及木板等光滑质地时,其明暗对比鲜明,反光明显,应尽量细腻微妙地刻画。松软的质地可以用略呈波纹起伏状、轻快运笔的断续线来表现,坚硬的质地可以用排列整齐、硬挺光滑、平稳运笔的实线来表现(见图 2-28)。

一、瓦屋面

画瓦屋面前,首先要了解不同瓦屋面的构造方式。现代建筑多采用机制瓦屋面,通常应先将坡屋顶瓦面中的脊瓦、檐口瓦与大面积屋面瓦区分开来。屋面瓦通常固定于水平方向的挂瓦条上,高处的瓦叠压住下层的瓦,一排排铺设。因而可用较粗的线条表现明显的水平缝,同时伴有小起伏波纹以表现瓦面的凹凸。由于瓦片是竖向交错搭接,因而竖向瓦楞可用每排间距不等、错缝排列的短竖线来表现。而传统民居屋顶瓦面铺设方式以凹面向上与凸面向上、两列相压铺设,凹瓦形成排水沟,到檐口处以瓦当封口,形成"勾头滴水"的构造细部。因而可用较明确的纵向线条表现瓦垄,再在每列间以平行紧凑的小弧线勾画凸瓦,因凹瓦露明部分较少且多处于阴影中,故不用过多刻画。其次,瓦屋面因其固有色较深多为暗调;但又处于受光状态,因而在屋面中间应部分留白,以表现生动的光影关系。再次,屋顶瓦切忌逼真地逐片刻画,这样只会显得机械死板,重要的是突出整体瓦面水平或纵向铺设的透视关系,同时有选择性的、疏密得当地勾画局部瓦片,便足以显示材质的特征了(见图 2-29)。

二、砖石墙面

每块传统黏土砖一般饰面露明尺寸为 60 mm×240 mm,以水泥沙浆错缝粘接砌筑而成。通常可用水平长线表现勾缝,同时注意受光处水平线应断开,甚至空几排再断续画水平线条,切忌不要水平线一画到底;通常暗面线条较密、较粗,亮面线条较疏、较细。同时在视觉重点部位以错缝竖线勾勒几排规律铺设的砖块,以打破水平线的单调感受。留白处可根据受光方向以"L"形短线条表现几块砖的阴影。最后再将洞眼、破损以及剥落的墙皮等略加勾画,但不要"碎"。

乱石墙面一般由大小各异、表面粗糙的石块垒砌而成。大石块一般位于底部以加强整体稳固性,而小石块则多随机填塞空隙。大小石块的方向、纹理不尽相同,因而当勾勒出大致结构后,可在墙面醒目之处,如转角与明暗交界线及暗部着重刻画一些石块,并采用不同方向的短线交错排列,以反映体量与影调;其余的石块则可采用细线一笔带过或模糊处理。值得注意的是,不要因为石块形状各异而忽略了近大远小的透视关系,至使墙体平面化甚至翘离画面, 影响空间的真实性。

三、抛光天然石材

大理石与花岗岩都因其坚硬耐久、纹理自然等特点，成为被广泛应用的建筑、室内的墙面与地面装饰材料。一般尺寸较大，边长从600~1200 mm不等。花岗岩根据其产地与色泽又分为蒙古黑、珍珠白、菊花黄、虎皮锈等不同种类。除了考虑固有色深浅之外，还要以不同笔触表现其肌理。如以"Z"字形锐角折反的流畅斜线勾勒线形纹路，以圈绕乱线配合打点表现点状图案。抛光石材因具有高反光性，因而线条排列疏密反差要加大，同时要画出在承影面上的倒影。

四、木材

在中国古建筑中，木材既可用作结构材料，也可用作饰面材料。如江南地区传统民居中的木结构梁、柱以及门窗隔断等都仅罩以清油，露明木纹。木材以及经过后处理的深层炭化木等也广泛应用于现代建筑外墙与内部装饰中，木墙面、木地板往往以长条面材连续铺设为主，清水实木贴面或仿木纹的防火板、纸面贴家具也都呈现出清晰的肌理。木纹既有规律又富有变化，木切面多为年轮的垂直方向；因此画时以直纹为主，木节处略自然弯曲但互不交叉；木纹较细腻，所以用笔一定要轻、淡，以与轮廓线相区别（见图2-30）。

五、玻璃

玻璃有透明玻璃与镜面反射玻璃等。现代建筑外墙经常使用的"Low-E"玻璃是一种双层中空玻璃，其中一层内侧镀反射膜，因而从室外看具有柔和的反射性，从室内又能看到外部。玻璃材质光洁，因而明暗反差强烈，画时应大面积留白以反映高光，并在高光旁直接画暗调以及阴影。如为透明玻璃，则再断续勾勒内部透射出的房间轮廓，同时以浓重笔调画出家具、灯具等的剪影，略做体量变化；如为镜面玻璃，则再将对面建筑物、树木、云彩等映照在玻璃上。最后调整遮阳、窗框、窗台等部分的阴影，使其符合受光逻辑（见图2-31）。

图2-28 不同材质在固有色泽、纹路方向、铺陈形式上的不同表现方式。

（上）图 2-29 断续勾勒瓦屋面材料线，并与留白相结合，以反映受光情况，同时也避免了生硬呆板。（作者：闻赟）

（下）图 2-30 勾勒木纹以显示户外木质平台肌理。（作者：穆润）

图 2-31 玻璃幕墙上其他建筑物的倒影表现出镜面反光特性。（作者：刘航）

六、不锈钢

硬质抛光不锈钢有拉丝不锈钢、镜面不锈钢等。但与玻璃相比，它缺乏透射，反射程度也不强。绘制时，要顺应体量造型以排列整齐的平行直线或弧线表现金属表面的光泽，同时强化明暗反差，省略中间灰调，并采用均匀退晕的手法表现暗调。同一平面的金属可能会出现多处高光，因此会呈现出多处平行条状的明暗交接部分。

七、地毯

地毯从编织构造来看，分圈绒和簇绒地毯等。圈绒地毯的纱线被簇植于织物底布上，形成一种不规则的线头圈绕的表面效果；画时可以采用交错的小椭圆圈配合打点来表现厚重的视觉感受。簇绒地毯多在织物底布上用排针机械裁绒或以手工绾结工艺栽植毛线，从而形成绒毛状表面效果。绘画时为了表现一排排簇绒从基底"生长"的态势，可以用尺子，从下到上提笔、勾短线，下重上轻，尖尖的笔锋好似绒毛，一排排要整齐，注意绒毛近长远短、近疏远密的透视关系（见图2-32）。

常见问题与窍门：

1. 收集具有较明显突出肌理材料如岩石、原木板、地毯等小样，用较薄的纸张蒙在上面，以铅笔拓印其肌理，完成之后，体会其纹路特点；并以钢笔重新临绘。

2. 选取固有色相近而质感不同的材料，如白色乳胶漆墙面、白色布面沙发、白色窗帘等，进行钢笔写生对比练习。画墙面时只需以硬线条勾勒轮廓，整体留白；画沙发时注意弧面转折以及布纹，可以配合点笔触表现其细微的肌理；而在画窗帘时则应采用顺应悬垂方向的弹性微曲的线条表现褶皱。注意体会质感与体积、界面、图案之间的关系以及色彩、光照对质感的影响。

图2-32 建筑物中玻璃、瓦、砖、木、地毯、不锈钢、花岗岩的质感表现。

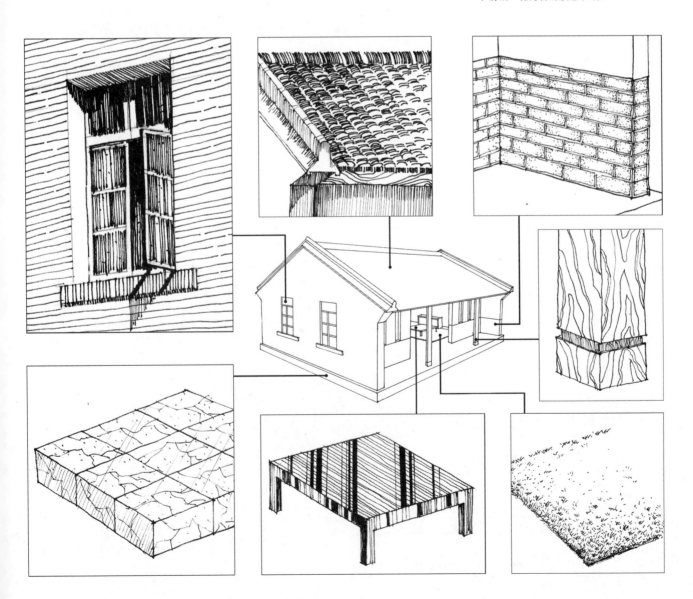

第四节 构图

　　构图是指画面各部分之间的结构配置关系与组织方式，也称"位置经验"，画家依靠它将绘画内容以特定方式安排在画面中，使其层次清晰，分布均衡有序，具有美感。

一、构图要素

　　画面构成因素既与形态本身相关，同时还涉及要素的主次、均衡、远近、明暗、动静等。从主次关系上来看，在安排好主体表达建筑物或对象后，可将画面边缘作虚化处理，忽略影调，弱化对比，甚至舍弃不画；这样就可以引导观者的目光，将其注意力聚焦到画面的中心上。从远近层次上来看，建筑钢笔画构图并非只是二维剪影意义上的审美，而是要考虑三维空间层次，一般将主体建筑安排在中景，表达完整，立体感较强；而远景中建筑、山峰与近景中人、车、树等都尽量平面化（见图2-33）。从均衡意义来看，是指画面各成分在视觉分量上的平衡，而不只是对称结构或等量布局。从明暗关系上看，一般采用上"上轻下重"的方式较稳定。如建筑画中的天空色调较浅，建筑和地面较重。当然，为了追求突破，挑战视觉上的不稳定，也可反其道而行之，如画夜景时，天空从顶至下、从黑开始渐变浅，以反衬建筑；只要简化形，不要过多地刻画云彩，不喧宾夺主，反而带来新奇的体验（见图2-34）。

二、构图过程

　　构图应从需要表达的主题开始进行有预设的思考，并非任意而为、信马由缰，正所谓意在笔先，胸中有丘壑，笔下有烟云。面对要表达的物象，不要急于动笔，而应从不同角度仔细进行观察，做到对其形态特征、光影变化以及情趣意涵心中有数。首先抓住最初的强烈感受，确立所表现的主体；再

图2-33 建筑物居于中景，远景为暗调剪影，近景以平面化白描为主。（作者：王晶）

选择好最能表达感受的视点与合适的视高；接着考虑画面布局与气势。构图过程中，可以有很多种方法来实现你的关注点，或强调变化的建筑造型、或演绎不同质感色调、或表达精美的技术细部、或反映场景的宏大或气象的变动。

构图蕴含了画面结构关系的再创造。要避免机械地照相式"实录"场景原有的空间关系，而应使用删除、搬迁、挪移、互换、镜像等，舍弃繁杂与混乱，概括零散的细部，使其凝聚为综合性物象。同时，作画过程应该时刻控制整体节奏，考虑"藏景"与"露景"，一味藏景则画面晦暗，一味露景，则空乏浅显。正如中国画的山水常常是挺显一角，船出半复，构景有限，意味无穷。不要因为留意局部而对某一部位进行孤立、过度地刻画，即所谓所争甚小而失大局，造成其生硬呆滞、游离于画面之外 [7]。

三、构图方式

构图既要考虑比例关系，同时也受主观感性因素的影响。我们通常说的"三七律"就是指构图时画面上下或左右之间的比例控制在 3：7 左右。中国画布局讲究构图章法如勾股之势，指的就是经典的"三角形"法则，即主要物象所引导的视线呈三角形。为了避免过于几何化，还可在三角形的某一

图 2-34 "头重脚轻"的构图方式反而带来新奇的视觉体验。（作者：张小庆）

条边上加入其他元素，将形"破"开，使画面更活跃（见图 2-35）。我们还可以将构图方式总结成"一"字形（见图 2-36），"之"字形（见图 2-37），"口"字形（见图 2-38)，"X"形（见图 2-39、图 2-40），"U"字形等不同形式。

　　构图虽有规律可循，但也并非一成不变。构图是为构思服务的，应与表现的内容一致。如在当代解构设计方案中的设计构思草图或表达成图，就可以有意采用夸张的角度、蒙太奇般的空间"情节"与不完整、无主次、多中心的构成方式，这种有悖常规的视觉片段性既符合解构设计哲学的意图，而且还能释放观者的想象力。

常见问题与处理技巧：

　　1. 用硬卡纸自制 10cm 见方的取景框。在观察自然景观或建筑、街道、广场时，利用取景框选取不同角度进行框选观察，注意框内景物的主体、层次以及天际轮廓线等；比较之后确定最感兴趣、较优化的角度，并思考哪些次要要素需保留、哪些需删除、哪些还需要稍加增补，以对画面构成进行重新整合。

　　2. 尝试将建筑平面、立面、剖面等三视图与空间透视安排在一张图纸上，通过复合构图的方法重新表现（见图 2-41）。

　　3. 尝试将二维设计图纸进行三维立体装置化的表达。如将钢笔稿扫描后打印到透明幻灯片上，再将多张平行、交叉叠放处理成立体装置形态，体会透叠后的新形象对设计方案和设计构图表达的启发。

图 2-35 三角形构图使画面稳定。

Zhu Jin Aug.2011

（上）图2-36 "一"字形构图形成静态的画面感受。

（下）图2-37 "之"字形构图利于反映空间转折与前后层次。

（上）图 2-38 "口"字形构图使画面如同框景。（作者：张天琛）

（下）图 2-39 "X"形构图反映急剧消失的透视感受。

图2-40 "X"形构图引导视线至画面中心。

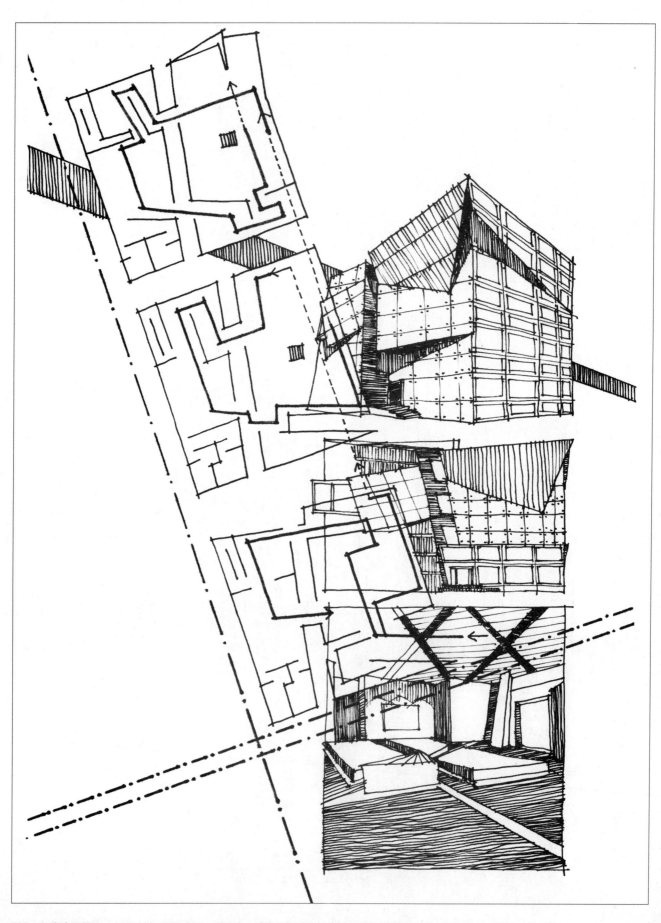

图 2-41 将建筑平面、立面、剖面组织在同一图面中，采用分解重构的构图关系与解构造型手法相关联。（设计：陈一萍）

第五节 透视

一、透视类型

透视学是以数学的方法解决空间问题的学科。早在文艺复兴时期，艺术家在绘画中就发现并表达出了一些视觉规律，如近大远小、空间界线向灭点消失等。在科学与艺术相结合的时代背景下，数学家将这些感性的认知以几何学的图式方法固化、逻辑化，最终形成系统的透视学学科。从几何学的角度来看，透视是指当视点确定时，视野是左右视域呈约90°、上下视域呈约60°的一个视锥；假想位于物象与人眼之间有一个成像的画面，将中心放射状的视线与物象连线后与成像画面相交而成的中心投影图形；形象地说，如同透过一块透明玻璃观察物象并将观察结果细致地描绘在这块玻璃上，该图形就是透视图；这也是视线法求作透视的原理依据。但如果从视觉艺术的角度来看，透视是一种最接近真实反映人眼成像的图形，像照相机一样，能在二维平面上创造身临其境的三维印象的视觉感受。

中国画讲求散点透视。与西洋定点透视不一样的是，它可以不固定观察点，边走边看，步移景异。在表现视距较远的大场景时，画面有立体感和空间层次，但几乎没有消失点，其做法类似现代的斜平行投影也即轴测图。这种做法不受视域限制，可以将行进过程中不同景象都组织到画面中，这样才可能创造出《清明上河图》这样的绵延长卷。国画虽然不是反映定点观察后某一角度、某一瞬间的客观视像，却表达了体验与意象；这种绘画的叙事性与情节性更能让观者产生如同"阅读"般的文学通感。从某种角度看，它是一种将时间要素加入到三维空间中的四维空间，更接近逻辑上的真实，这对当代注重偶发性因素的设计与表现是有启发意义的。

在绘画中我们还常提到空气透视和隐没透视。在依照定点透视原理作出的结构轮廓后，还应考虑近鲜远灰、近暖远冷的空气透视以及近实远虚的隐没透视。这些都反映出因空气对视觉产生阻隔影响后的视像。

二、透视的目的

透视的目的是为了以直观的二维图形反映空间的客观性。建筑物大都有构成规律可循。无论是西方古典建筑中的柱式、拱券、穹隆和三段式立面特征，还是中国传统官式建筑中等级不同的屋顶型制；无论是现代派建筑简洁的几何形体，还是后现代建筑具有古典折衷、诙谐的设计元素；无论是结构主义建筑严肃理性的骨骼，还是解构主义建筑基于雕塑和分形几何学等方法、反常规分解重构后极大解放的造型，它们虽然形象各异，但在绘制时都应先从立体构成的角度分析其体量关系、表皮特点以及细部处理。

另一方面，也不能将透视当作纯粹的"画法几何"来看待。经典的建筑师透视法是由严密的数学论证推导而出的几何作法，可依靠三视图还原出空间透视。作为学科系统知识，我们应该掌握它。在作完整的成果表达图纸时，最好也采用视线法、量点法、迹点法等建筑师做法。只要视角、视距控制在合理范围内，对空间逻辑有正确的认知，又具有耐心，就能准确无误地反映出建筑物的比例、尺度，而不会 "失真"。但这种作法过程复杂、线条繁多，耗时长，只要一个环节出错，就可能功亏一篑。因此在快速表达或小幅钢笔画训练过程中，一般在量点法的基础上作出进深，并结合辅助网格来确定建筑的长宽高比例，进而画出大致的平行透视。在平行透视的基础上，将原平行于画面的界线改为倾斜，就可以画出成角透视的效果。这些快速作图的方法其实都是基于透视几何原理之上的一种定性的概要简化，虽然有估计的成分，但对于画不复杂的小建筑、小空间还是相当经济、有效的。徒手作透视时不要怕出错或线条重复，作画时首先关心的是空间结构与构思，不要因拘泥于线条的准确性与几何逻辑而失去对画面的直觉感受。

三、透视角度

根据视向的不同，透视可分为平视透视、俯视透视和仰视透视。平视透视是指观察视向为水平方向，成像画面保持铅垂；俯视透视和仰视透视时成像画面与地面呈倾斜夹角。平视透视反映了最为普遍的观察角度，而俯视透视和仰视透视常用于表现夸张新颖的视角，如高空俯瞰航拍（见图2-42）或近距离仰视高层建筑等（见图2-43~图2-45）。平视透视最常见的是平行透视和成角透视（见图2-46~图2-49）。

平行透视，是指当物象主要界面与成像画面相互平行时所形成的透视。如果是矩形平面，则与画面平行的一组边依旧保持相互平行，而与画面垂直相交的另一组边在画面中有一个灭点；固也称其为一点透视（见图2-50）。

室内设计表达中，平行透视适于静态性格特征的空间，如住宅卧室、宾馆客房、办公空间会议室、电梯厅（见图2-51）以及医院病房等。视高一般不会高于层高，灭点不宜太居中，避免完全对称的情况，使本已四平八稳的平行透视不至于过于呆板。正常情况下，一般选取坐下后眼睛高度为视平线高度，约1.2~1.3m，通常低于层高的一半，且将灭点定在偏左侧或右侧1/3处，这样透视图中顶部、地面与两侧墙所占分量都不尽相同，利于突出需要表达的重点。也有个别空间选用高于层高的鸟瞰角度，画时将顶部界面画成透明或干脆不画。建筑效果图以平行透视来表达，则适于一些古典或宗教、纪念性建筑（见图2-52），以表现其中轴对称的特征或强烈的纵深感，如北京故宫、南京中山陵、印度泰姬马哈陵等。

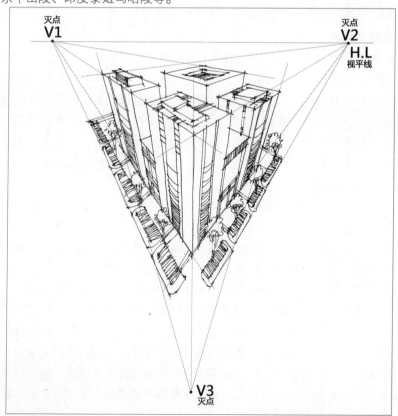

图2-42 俯视透视原理作法。

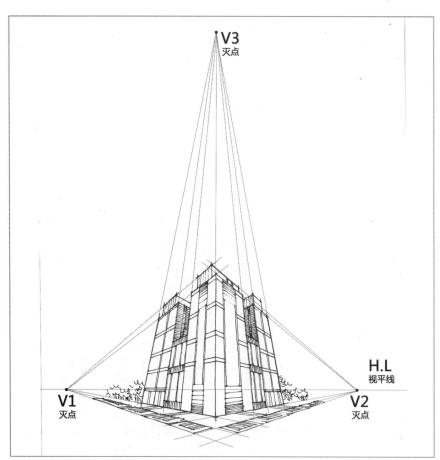

（上）图2-43 仰视透视原理作法。

（下）图2-44 视距过近造成的仰视透视，急剧消失的街道成为视觉焦点。

图 2-45 高度过高造成的仰视透视，建
筑物除了在视平线上的两个灭点之外，
在视平线以上的高空中还有第三个灭点。
不同于平视透视的是，仰视透视时建筑
物在垂直方向也有下大上小的变形，同
样层高的楼层越往上部显得越密。

（上）图 2-46 以平行透视表现上海老街入口牌坊，建筑较平面化，大小渐变的车辆能突出景深。

（下）图 2-47 以成角透视表现上海老街入口牌坊，强化建筑的体量关系。

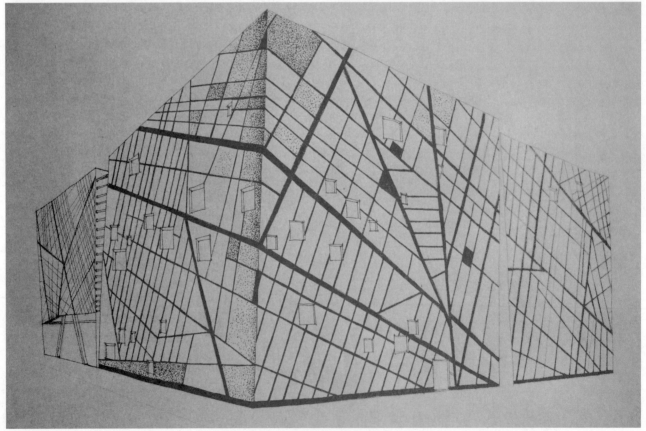

（上）图 2-48 以平行透视表现对称形态的 2010 上海世博会中国馆。（作者：陈一凡）

（下）图 2-49 以成角透视表现具有斜向动态的 2010 上海世博会瑞典馆。 （作者：陈一凡）

（上）图 2-50 平行透视原理作法。

（下）图 2-51 以平行透视来表现安静且对称的电梯厅。

图 2-52 以平行透视来表现肃穆的佛塔。（作者：赵贝）

成角透视是指当物象主要界面与成像画面倾斜相交时所形成的透视（见图 2-53~ 图 2-59）。矩形平面的建筑或空间除了铅垂边之外，两组边线都与画面相交，因此在视平线上就有两个灭点，固也称其为两点透视。但如果平面是多边形，则有多少组与画面相交的直线，就有多少个灭点。

室内空间成角透视相对于一点透视更具动感，也更接近于现实生活中观察的视角（见图 2-60）。观察建筑的低视点高度为站立时的视高，约 1.5~1.7m。选择这种视高，画面显得有亲和力（见图 2-61）。有时也可以选择远远高于建筑总高度的视高，这种平视状况下的高视点成角透视则利于反映全局与大场景（见图 2-62）。如小区规划、屋顶繁复组合的中国古建筑群等。

圆的透视有别于直线的透视——直线的透视有灭点，而圆却可以被看作由方向连续改变的若干直线构成，因此它在透视图中找不到固定的灭点。因此要先作一个与圆相切的正方形，并画出正方形的两条对角线和通过中心的水平线与铅垂线，好像在内部写了一个"米"字。利用求作方形透视的方法将"米"字与圆相交的 8 个点的透视作出，最后再连成一条光滑的椭圆形曲线。这种做法被称为 8 点圆透视法。对于拱券、穹隆、螺旋楼梯或平面有圆弧造型的建筑物，则都应先找出与其相切的方形体量，将圆的透视转换为作方形上特殊点的透视，进而定位出圆弧形态的基本走势；找的特殊点越多，连线后的图形则越准确。

常见问题与窍门：

1. 尝试先仔细观察空间 5 分钟，再凭记忆将空间以平行透视和成角透视两种角度默画下来。注意选择合适的角度，并思考哪些界面或家具陈设等会成为空间的主角。

2. 根据住宅室内或简单建筑物的三视图，绘制其透视草图，训练从二维平面到三维立体的抽象空间思维能力。

图 2-53 低视点成角透视原理作法。

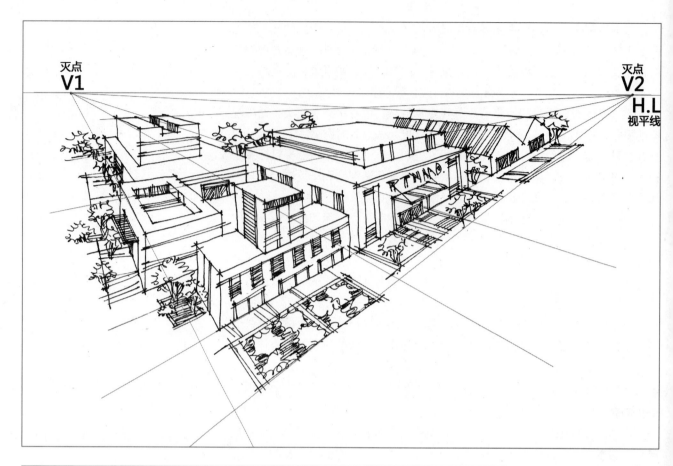

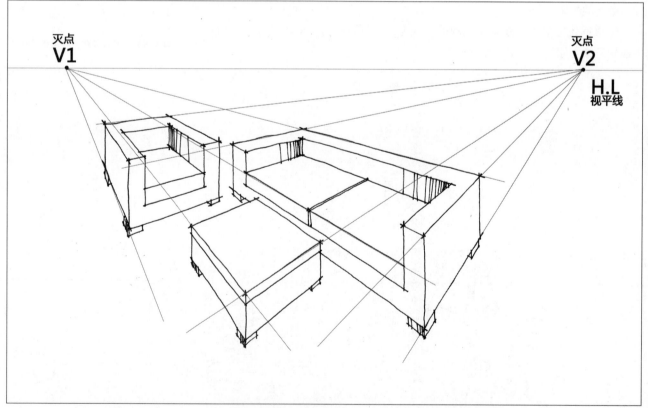

（上）图 2-54 鸟瞰成角透视原理作法。

（下）图 2-55 家具成角透视原理作法。

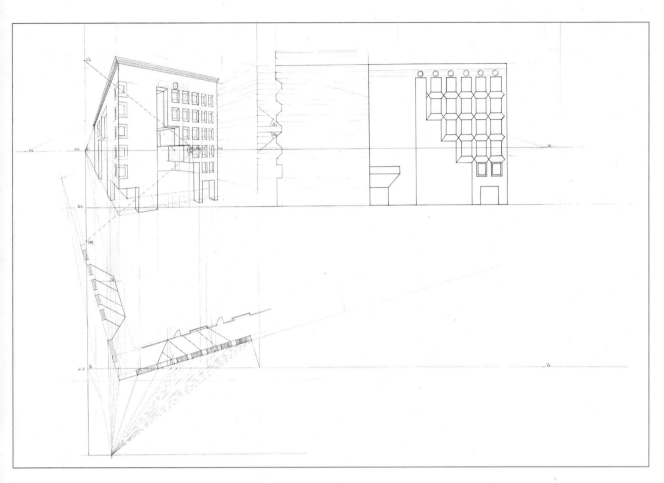

图 2-56 某建筑成角透视作法与钢笔画。反常的视角使画面具有抽象审美的特质。

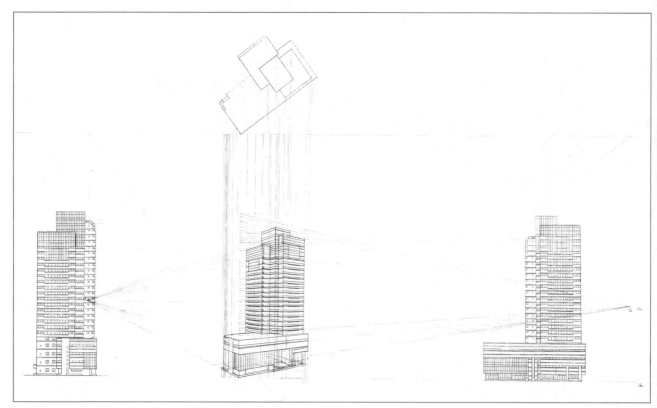

图 2-57 龙丰大厦成角透视作法与钢笔画。较人的正常视点高的视点可以适当反映出建筑物所处环境。(作者: 刘洋志)

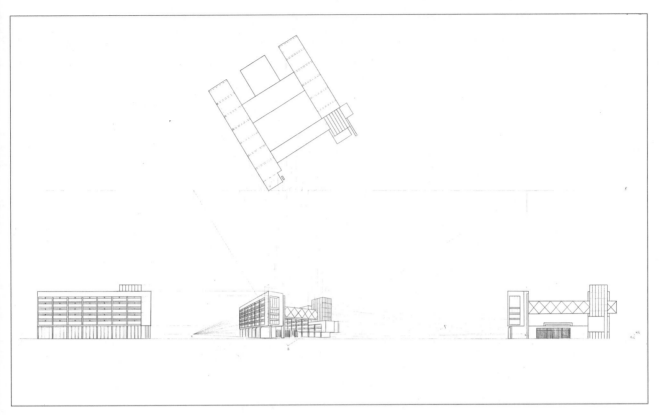

图 2-58 北京市财贸职业学院实训大楼成角透视作法与钢笔画。建筑体量构成关系虽不复杂，但细部较丰富。（作者：陈典新）

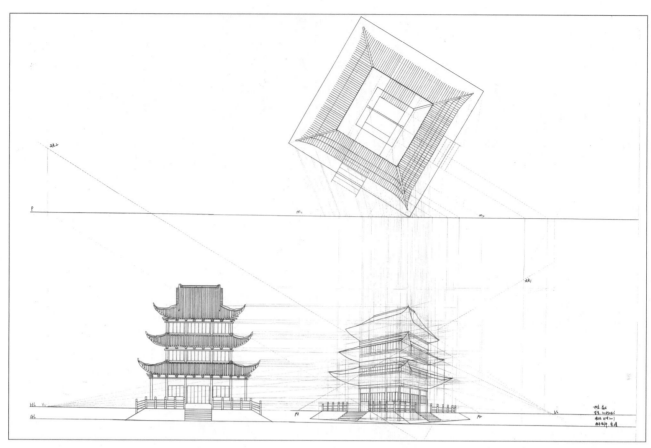

图 2-59 某古建筑成角透视作法与钢笔画。先以建筑师作法画出坡屋顶的大体关系，再将飞檐翘角、斗拱、瓦当等逐一刻画。（作者：高云）

图 2-60 低视点室内成角透视给人以亲切感受。

（上）图 2-61 低视点建筑成角透视反映了最常见的观察角度。

（下）图 2-62 高视点建筑成角透视能表现屋顶全貌，更接近逻辑上的真实。

03

钢笔画分类配景及要素表现

第三章 钢笔画分类配景及要素表现

　　不言而喻，建筑钢笔画中建筑是画面的主角。但单有由坚硬的钢筋混凝土和冰冷的玻璃构成的"方盒子"，画面是没有生气的，如果加以植物、交通工具、人物等配景来渲染与衬托整体氛围，才能使画面灵动起来，建筑本"静"，有配景则"活"（见图3-1）。例如，在校园环境中加入骑自行车的学生作配景，就能使画面产生亲切感与活力。其次，主体表达完成之后，背景太空，就会显得缺乏层次，此时可以"点景"或"补景"，为硬线条为主的建筑画增加松弛、柔和的感受，但需要注意"补景"与主体之间开合争让、疏密聚散的章法。另外，配景能暗示建筑功能、地域环境与季节时令。例如，画面中出现穿泳装的人物，则表明所画是游泳馆空间；周边高层建筑或交通设施等能显示所处的是城市商业环境；画面中出现阔叶树种，则表明是南方或夏季；出现针叶树种，则可能是北方或冬季。再则，配景也是衡量建筑物尺度的参照物。我们可从画面中人物的身高推断出门的高度、层高以及建筑总高。

　　画配景时，合理的构图、恰当的比例以及老练的笔触更能在第一时间体现出绘画者的审美修养以及整体掌控能力和技法熟练程度。初学者往往在建筑主体绘制完成之后，只是草率地在画面中随便加入一些配景，这对于整张图纸来说是毁灭性的败笔。一开始下笔前就应该全盘考虑布局，往往从前方配景入手，从近画到远，这样才能反映被遮挡的关系。

图 3-1 树木既能渲染静谧的环境气氛又能产生"空气透视"。（作者：朱海昱）

第一节 植物

一、树木的结构与绘画表达特征

生机盎然的植物是建筑钢笔画中充满活力的角色。树木由树根、树干、树枝和树冠组成，庞大的树根系有时在地表暴露出一部分；树干是支撑，遒劲有力；树枝围绕树干呈空间放射状生长并支撑小枝桠与树叶（见图3-2）。紧靠树冠的树干因处于树冠阴影之下色调最深，靠近地面的树干因受地面与环境反光影响色调较亮。朝前生长的树枝要画得肯定而有力；朝后生长的则可以渐渐淡化、虚化。注意树干粗细与树冠的比例要协调，树干与枝桠都是下粗上细，因而运笔时可从下向上逆向勾勒，越往上越轻。

二、树形选择与构图

不同树种形态特征区别较明显，我们可以将不同树种概括出一些程式化的特征，同时也应选择具有美感和构图优势的树形。

高大的乔木常单株生长。如榕树枝叶繁茂，树冠庞大，根与枝干交错盘绕，形似树林，枝条应自然斜生，曲折有致，避免树冠过于对称。松树长绿，轮状分枝，树枝平直或略向下，针叶簇生，蓬松向上。棕榈树干均匀挺直，顶部集中生长扇状叶面。相比之下，低矮的灌木则群组栽种，有观花、观果、观枝干等几类。画灌木时，往往先成片勾勒球状树冠的大形与光影关系，再在下部画分散开的多株较纤细的树干（见图3-3）。相同树种的树木也具有千变万化的树形；有的均衡稳定，有的重心倾斜但生动真实。室内较高大的盆栽一般1.5~1.8 m左右，各自具有不同的生长姿态（见图3-4）。如绿萝只在中心处有粗壮的主干，叶片呈放射状环绕主干生长，叶面呈心形且宽大，一般越往上部叶面逐渐变小，同时朝向上方，画时可勾勒出清晰的叶脉。铁树树干似芭蕉、松树的干，密被暗褐色干缩的叶基和叶痕，枝叶却舒展似羽毛。在画禅意空间中漂浮于陶艺盆、缸中的睡莲时，则应以流畅细腻的笔法勾勒圆形叶片，以短圆弧线条刻画饱满的花瓣，线条要连续，不要断开或重复（见图3-5）。除了常见的真实树形之外，还可以根据画面效果绘制一些抽象化的树形，以多株量化表达为宜，或反映空间进深，或提高视觉刺激度（见图3-6，图3-7）。

树形以及植株数量的选择视构图而定，应根据画面需要来调整元素构成，或移动树木的位置，或添加花草盆景，不断修改，直到形成和谐的画面为止。如在前景画面侧翼安排一株乔木对建筑略加遮挡，而在中景位置建筑物的旁侧或后面画两三株相同树种，在远景安排远山与成片的树林；以此增加空间层次。但如果在前景左右两侧均安排乔木，则会产生"门"字形的景框，既不自然，又太抢主题。另外还要注意树木与建筑物高度、室内盆栽与室内顶棚高度之间的比例关系。

三、树冠与树叶画法

有两种方法表现不同树叶形状。一种是较写实的立体描绘，画时先观察受光情况，体会体量感，结合全因素素描的表现方法，以概括的笔法区分出几组球形树冠的明暗关系：受光部分留白；灰调的内部结构无需过度刻画，描绘出大感觉即可；最后只在边沿或明暗交界处以零碎的笔触画出几片树叶的形状以暗示树种。另一种是平面化画法，可以逐片勾勒树叶轮廓，并带有近大远小的透视关系；但关注形态，弱化影调；这种画法树种特征明显，装饰性较强（见图3-8）。还可以只勾勒树干树冠留白剪影，但通常只用于近景处理。

常见问题与窍门：

　　1．训练眼睛对环境信息尤其是光影的捕捉能力。在一天的不同时段仔细观察绘画对象，选择最佳光线时段下笔。通常，清晨日出时和傍晚日落前是光线效果最好的时段，此时的阳光会营造出阴影、剪影、斑驳的树影等充满情绪的效果。

　　2．树木通常与山峦、石头等其他景观要素有关，注意观察它们的不同形态、质感与色调。山石的表现要注意石体形态特征，常用装饰性强的线条表现。如青石的形态特点比湖石较硬挺，适合用硬挺的直线来描绘；石笋类的石头一般外形较整，但内部结构细碎，处理时注重轮廓，常用长线条穿插短线进行刻画。

图 3-2　树干与树桠上的受光关系与地面树影使其更生动，上部树冠有意虚化以使视觉焦点落到建筑物上。
（作者：张盈颖）

（上）图3-3 室外不同乔木与灌木
具有不同的树形。

（中）图3-4 室内盆栽的生长姿态。

（下）图3-5 绿萝、铁树与睡莲。

（上）图 3-6 笔调轻松的抽象树形与真实树形相去甚远，其高矮变化与位置完全取决于构图需要。（作者：黄银松）

（下）图 3-7 同一树种都采用树干留白的方式围绕建筑栽种，画面紧凑而富有戏剧感。（作者：陈一萍）

图 3-8 远景与近景的树木都采用平面化的处理方法。远景树冠只只勾勒剪影，全部为暗调；近景高大乔木树形舒展，树冠树叶的形态能暗示树种。（作者：胡卓佳）

第二节 场景人物

在建筑画画面中，首先要安排人物的合适位置以及数量。由于人物体量小，从构图出发，一般在前景或中景添加人物，而不太以人物作为远景。人物的添加也是一把双刃剑，如添加不当就可能喧宾夺主，弱化建筑物。人物最好是成组出现，奇数的人物往往比偶数的人物显得更有错落节奏，人物之间的姿态应相互联系和呼应。

描绘时，可以省略人物面部细部特征，只保留外轮廓。这时，人物的外形、比例、特征就显得格外重要。通常男性胸部较宽、臀部较小，形态上更显棱角；而女性则要圆润一些，肩部窄，臀部大；儿童头大，脸部宽而圆，肩窄，几乎没有脖子；老人背部佝偻、秃头、大腹、拄拐杖等。

钢笔画中的人物一般更平面化，不刻画影调，但较注重姿态。在不同的建筑场景中如加入有坐、立、躺等姿态以及走路、跑步、骑自行车、滑雪等进行体育运动的人物，会使画面更加生动而富有亲和力（见图3-9~ 图3-12）。

图 3-9 不同行走的姿态。

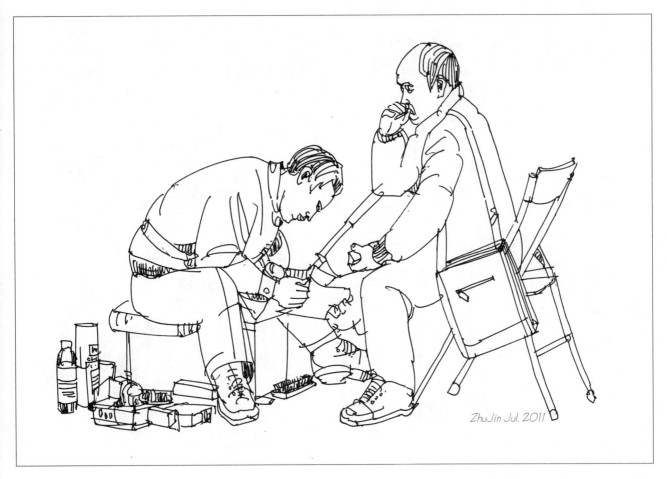

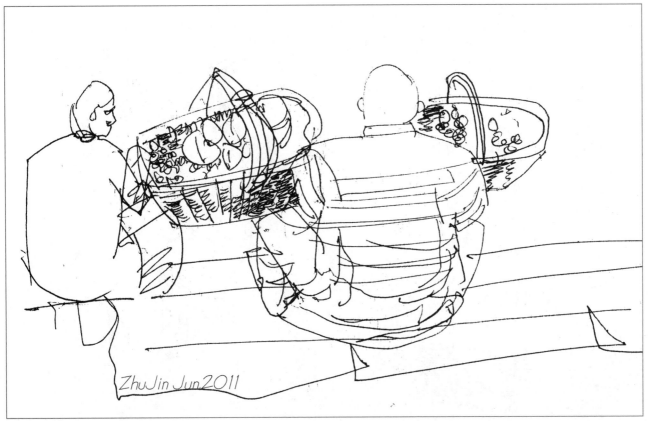

图 3-10 不同的坐姿。

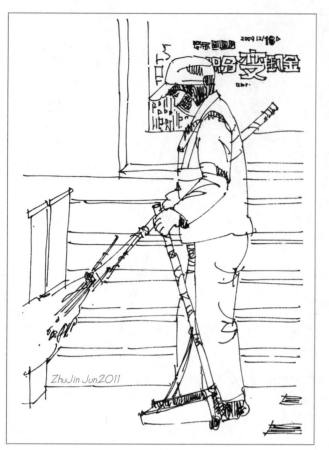

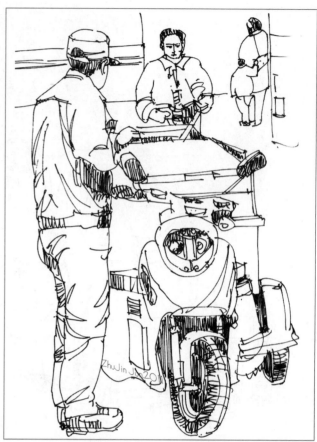

图 3-11 不同的站姿。

常见问题与窍门:

　　1.选择一些以人物活动为主的场景，进行照片临绘或写生。训练对人物比例以及姿态的把握。

　　2.练习成组人群剪影式行走姿态画法以及坐姿画法，面部留白，以衣物、发型及身体廓形来区分不同性别，如男士穿西装打领带、女士穿裙装等。

　　3.画建筑外观透视钢笔画时，如果选取 1.50~1.70 m 左右的正常视高作低视点透视，人群头部的高度几乎都在视平线上，不会出现头部位置高低参差不齐、相差很大的情况。

图 3-12 不同的人群与场景。

第三节 交通工具

在绘制城市街景等时，汽车是出现最频繁的交通工具。不同的建筑物旁应出现不同类型、不同型号的汽车（见图 3-13）。如摩天大楼下停泊商务轿车，繁华的街道上行驶各色公交车与其他机动车，赛车场内飞驰赛车，别墅旁则可安排两厢轿车以配合家庭成员的活动。常见小轿车一般高 1.5 m，宽 1.5~2.0 m，长 4.5~5.0 m；车身通常都由弧面构成，前车轮距离车头较近，车轮比车身侧面外壳略向内凹。画时可用几条流畅的弧线来表现车身上光洁的金属质感，同时将车窗内部前后排车座、方向盘等用暗调剪影勾画出来，以反映玻璃透明的质感。

在绘制火车站、港口、机场等建筑物时，通常以火车、船舶、飞机等作为配景来暗示场所，同时使画面具有时代特征（见图 3-14）。如画面中出现高铁，观者很容易联想到当代交通枢纽。又如在一些高层建筑环境空间中，可以在画面中以热气球作为前景，既烘托了商业气氛，又使天空更有层次。

图 3-13 各种不同类型的机动车辆。

（上）图 3-13 各种不同类型的机动车辆（续）。

（下）图 3-14 参差停靠的船只令人联想到码头繁忙运作的环境氛围。

第四节 家具与陈设

一、家具

家具不是配景，而是室内空间设计的重要构成要素之一。下笔前，首先应该了解家具的不同风格，为造型作铺垫。中国不同历史时期传统家具风格各异，南北朝时期高足坐家具传入中原，改变了人们跪地席坐的习惯。明式家具是中国古典家具的典范，其造型稳重、比例适度、线条流畅、结构简练（见图 3-15）。

西方不同时代不同国家的家具都有各自典型的特征，同时与建筑风格特征息息相关。如古希腊家具腿部常采用建筑柱式造型，典雅优美。古罗马家具模仿建筑中半圆拱券，较为凝重。哥特式家具表面常被划分成有规律的矩形，并布满以垂直线条为主的深浅浮雕或透雕，同时还模仿建筑中的尖拱。文艺复兴时期的家具是古希腊、古罗马风格的再次回归，厚重端庄、理性节制，同时表面出现大量人体类装饰题材，如英国多铎式家具。巴洛克时期强调动态激情，因而家具线条奔放、自由多变，如路易十四式家具。洛可可时期从建筑到家具都具有极其浓重的脂粉气，装饰繁琐，以花叶、果实、绶带、天使等形成纤巧的图案，采用天鹅绒、丝缎等闪光面料或黑、红、白、绿、金等跳跃色彩的光面油漆饰面，华丽辉煌，如路易十五式家具。而意大利、英国、法国的家具从文艺复兴时期到巴洛克、洛可可时期又各自具有不同特点[8]（见图 3-16）。新艺术运动、风格派等以及包豪斯设计教育为西方家具开启了现代之门。现代家具摒弃了古典家具复杂的装饰，采用几何手法，强调功能与结构，材料也越来越多元化。当代家具从观念到物化手段都更加自由（见图 3-17）。

不同功能的家具，尺度完全不同。对于居住、办公、商业空间中一些常用家具以及卫浴洁具的基本尺度，应通过观察与拍照、照片临绘、速写等方式进行积累与掌握。出于节约材料、方便组合与标准化制造的需要，模数化设计越来越成为一种趋势。家具可以拆装，不同家具还具有可互换的通用部件。家具尺寸与板材毛料之间通常呈倍数关系，如抽屉深度通常不超过470 mm，是因为扣除面板厚度后，所使用胶合板的长度正好接近胶合板宽度（915 mm）的 1/2。应经常徒手绘制室内平面图与立面图，注意家具的长宽高与空间大小之间的对比关系，进而将枯燥的尺寸数据转换为仿真的体验与感受。

再则，应该了解家具的结构类型与构造特征。家具大多分为框架式结构和板式结构，部件结合方式有榫结合、木螺钉结合、圆钉结合、金属连接件结合、胶结合等。同时还需要了解桌、椅、沙发、床、柜类等基于人体工学上的细部设计。如椅背垂直向后倾斜 6° ～ 10°，座面水平朝上倾斜 2° ～ 3°，椅背略有弧度以更贴合脊柱生理弯曲（见图 3-18）。

二、陈设

室内陈设是指装饰品和摆设品，包括如地毯、窗帘、桌布、靠垫等室内织物和如雕塑、陶瓷、绘画、书法、壁挂等艺术品及如墙纸（布）、墙绘等装饰性较强的界面与隔断（图 3-19）；广义的陈设还包括既具有功能性又具有审美意义的灯具、设备设施以及生活物件等（图 3-20、图 3-21）。刻画陈设首先需要了解其纹样与图案特征；如中国传统风格建筑空间中"小木作"

（上）图 3-15 中国传统家具。

（下）图 3-16 西方古典家具。

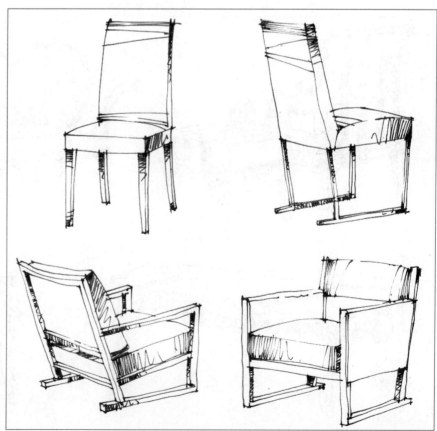

（上）图 3-17 以几何造型手法为主的现代家具。

（下）图 3-18 椅子座面与靠背设计应该与符合人体工学要求。

部分，采用花格门窗隔断（见图 3-22）以及布满浮雕、透雕的木梁、牛腿等结构构件（见图 3-23），可以将其归类为动物纹样、人物纹样、植物纹样、花卉纹样、风景纹样、吉祥纹样、图腾纹样等；究其根本，这些纹样都表达了人们对吉祥福祉的祈求或对灾祸的规避。另一方面，还要抓住不同陈设的造型特点，即使是很小的物件，也应该反映其透视关系（见图 3-24）。陈设通常从属于室内整体风格，它既能丰富空间表情、渲染氛围，又能增加场景的趣味性。

常见问题与窍门：

1. 将家具、洁具与陈设小品进行归纳分类，逐一临绘、记忆，并创作设计（见图 3-25~ 图 3-27）。

2. 将家具简化为多个以加法造型为基础的方形体量，体会其比例关系与整体特征，在此基础上再将其逐步雕琢（见图 3-28）。

3. 尝试在同一空间中调换不同家具，并变换视点勾勒透视草图，将其三维形象熟记于心。

4. 家具按材质可分为实木、木贴面、纸贴面、曲木、钢木，塑料，皮质，玻璃，藤编、竹编等不同类型。运用不同技法来表现不同材质对象，如松散的粗线条表现体积庞大的家具；紧实的细线条表现精致的陈设。

5. 选择合适的陈设是为画面增色，切忌画蛇添足。

6. 对于较繁琐的古典家具或传统装饰纹样要进行适度概括，只能将受光面或重点部位进行小面积较写实的刻画。

图 3-19 室内窗帘与沙发布艺、靠垫等软装饰。

（上左）图 3-20 兼具实用与审美特征的灯具。

（上右）图 3-21 2010 年上海世博会德国布莱梅展馆展台上方特殊定制的造型灯具。

（下左）图 3-23 浙江东阳古建筑构件牛腿木雕。

（下右）图 3-22 中国传统室内陈设装饰风格。

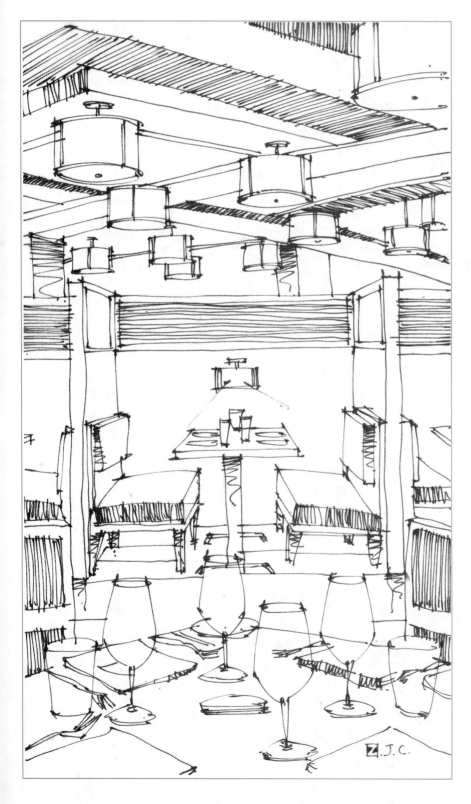

图3-24 餐具等小物件也应保持透视关系。

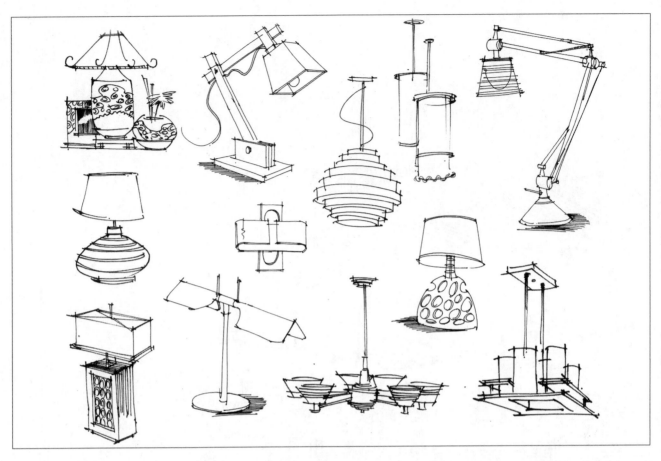

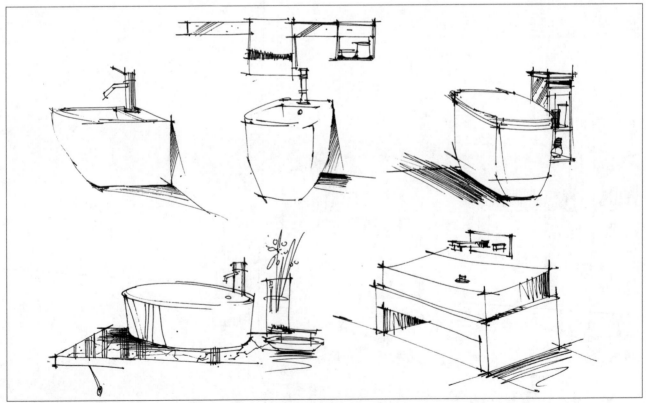

（上）图 3-25 不同灯具。

（下）图 3-26 不同洁具。

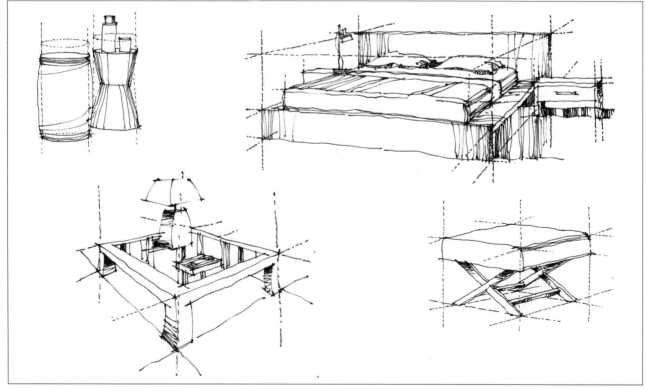

（上）图 3-27 不同陈设小品。

（下）图 3-28 将家具进行体量化提炼。

钢笔画表现类型

04

第四章 钢笔画表现类型

钢笔画既可以夸张反衬、落笔生根、一次成型，对所要表现的大场面和空间可以进行高度的艺术概括（见图4-1），又可用细腻的笔触对所表现的物体进行精确的细部刻画（见图4-2）；既能快速又能慢作，有着其他画种所不具备的独特造型能力。

钢笔画表现没有固定的程式，它因人而异，多取决于设计师和画者的审美修养、设计水平、表达技巧、创作习惯，同时也因工具、材料、技法以及画面的完整程度与风格性质等的不同而形式各异。

第一节 速写

所谓速写，速即是速度。一般钢笔速写画幅不大，数十分钟即可完成；写不是画，也不是绘，而是扼要概括，以写意的方式传达出"神似"的感受。钢笔速写是对不完整记忆的一种有效补充，它不同于照相机、摄影机；而是以勾勒草图的形式记录下在不同情境下的观察、印象与发现（见图4-3 ~ 图4-5）。由于作画时间短，便需要抓大放小、删繁去赘、惜墨如金、营势赋形。

钢笔速写笔法精简，并不意味着空乏无味和苍白平淡，反而在粗放中充满激情与内涵。落笔前，仔细观察空间对象与场景，抓住对自己刺激最强烈的要素，在头脑中形成鲜活的印象，并在闪念间明确想要在画面中传达何种形象、情绪、意义以及表现的重点（见图4-6）；不要让短时间内的直觉消失，应快速用笔将其记录下来。观者看到画面中的笔触仿佛能看到画家激情游弋的钢笔，真正"走"进画面。

图4-1 夸张的黑白反衬使建筑外廓更加肯定。（作者：葛鋆佳）

图 4-2 以排线等方式对建筑形态与光影进行微妙地刻画。（作者：张昕）

钢笔速写一般不作铅笔底稿，落笔后就无法修正，因此"形准"就成为挑战。画时建筑、空间、家具、配景都应服从透视规律；虽然不可能、也无必要在短时间内按照前文所讲的建筑师透视画法严格地画出透视，但应该在视觉经验的基础上加以理智的限定，做到心中有灭点；物象都朝灭点消失，以灭点来衡量和矫正所观察的结果（见图4-7）。只有长期训练"眼、脑、手"不断交替、协作，才能做到运笔淡定，一气呵成。

钢笔速写也是某种意义上的"视觉笔记"，它能在短时间内记录以直观图形印象为主的、文字无法表达清楚的信息。因此，速写训练也便于收集素材、积累资料。

常见问题与窍门：

以不同速写本分类记录建筑风景、室内空间与家具、植物、人物等，不仅是作品，也是资料图库。

图4-3 概括的笔法扼要反映徽州民居马头山墙错落有致的特征。

图 4-4 快速勾勒上海里弄里堆陈杂物、晾晒衣物的场景。

（上）图 4-5 法国南部古城堡饱满的体量与周围萧瑟的树枝恰成对比。

（下）图 4-6 前景中堆放的圆木、错落的电线让人仿佛亲临晴朗冬日的东北小镇。

图 4-7 在画充满装饰元素的尼泊尔民居时，应该在视觉经验的基础上确保透视关系。

第二节 设计方案草图

　　建筑方案草图是指在设计初始阶段思考性记录灵感来源、概念产生过程、环境场地解释、结构透视关系、建筑物理与技术手段分析、材料质感选择以及最终预设效果的图纸。设计草图不是"草率"而是快速；它既是初步结果，又是进展过程；其中有的偏重逻辑分析，有的则偏重直觉审美与非量化的表达；它既可以依靠方框、箭头、图表等符号陈述思维轨迹，也能捕捉到灵光闪现的片段；有反映二维比例、尺度关系的，也有反映三维体量造型的（见图4-8）。

　　设计师安藤忠雄曾经说过："我一直相信用手来绘制草图是有意义的。草图是建筑师就一座还未建成的建筑，与自我还有他人交流的一种方式。……当图纸由手产生时，不和谐的线条显示出模糊的想法和设计中有问题的区域。这样，它们提供了下一步该如何改进的线索。而CAD图则具有欺骗性，我们很难发现它们并不完美甚至还未完成。……当建筑师绘制草图的时候，他在考虑这材料和结构的形式，倘佯在过去的记忆中，通过反复进行这一过程，草图产生的可能性要比CAD绘制的深邃得多。[9]"从事设计行业的人对这段话都可能都多有感悟。设计草图并非信手涂鸦的无心之作，而是一种图解思维方法。通过简单的图式进行初步分析并检验其构思，更容易设想出具有说服力、接近设计本原问题的方案。

　　钢笔草图相比铅笔草图更加肯定，在勾画的过程中更利于想法逐步清晰；草图的绘制并不要求其成为一幅完美的作品或规范的工程图样，设计师可以无拘束地随意勾勒、涂抹，保留原始思路；做方案时如需调整，则可蒙上硫酸纸，在原图基础上进行增减或改动（见图4-9~图4-18）。

常见问题与窍门：

　　在平时设计课程与方案实践中，尽量以手绘草图表达初始概念，避免第一时间就用CAD或SKETCH UP等电脑软件绘制图纸，同时将设计草图归类保存。

图4-8 在构思方案阶段以正方体为原形进行加、减、变形，并以此方法来推敲建筑造型的多种可能性。

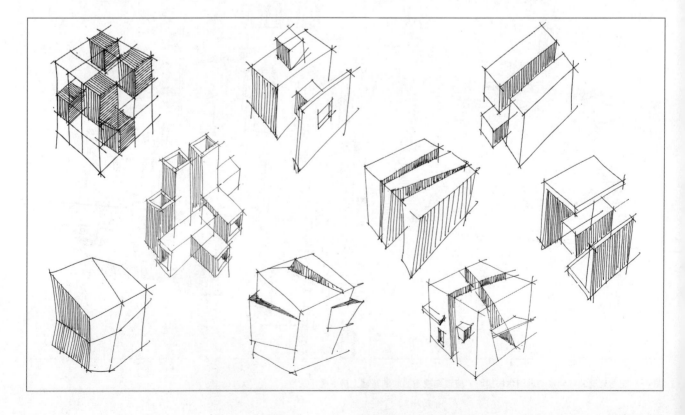

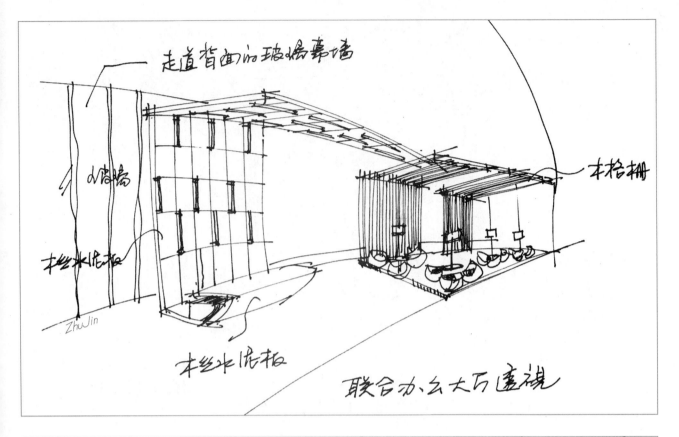

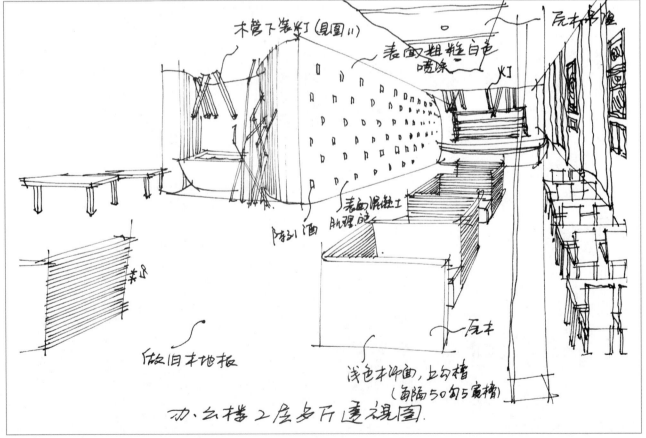

（上）图 4-9 某联合工房大厅室内设计透视草图。

（下）图 4-10 某综合办公楼餐厅室内设计透视草图。

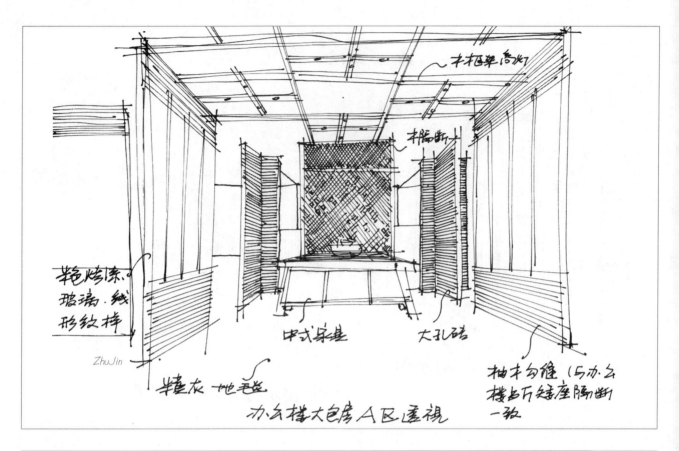

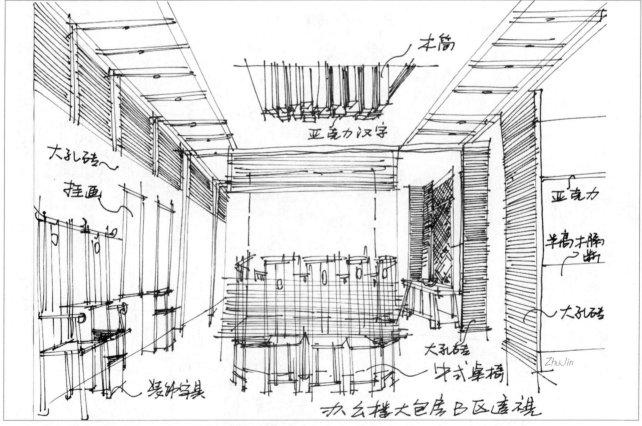

（上）图 4-11 某综合办公楼餐厅大包房 A 区室内设计透视草图。

（下）图 4-12 某综合办公楼餐厅大包房 B 区室内设计透视草图。

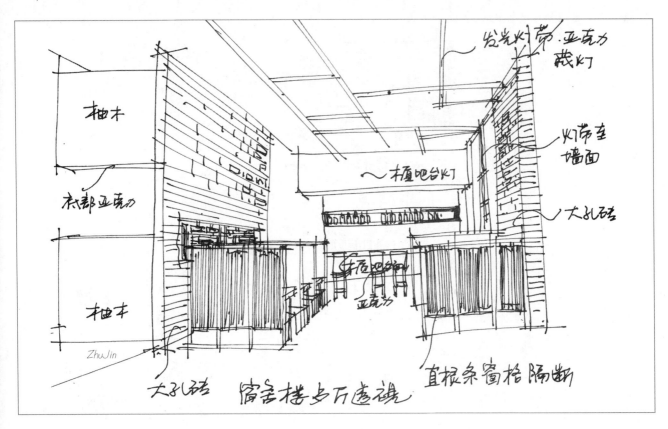

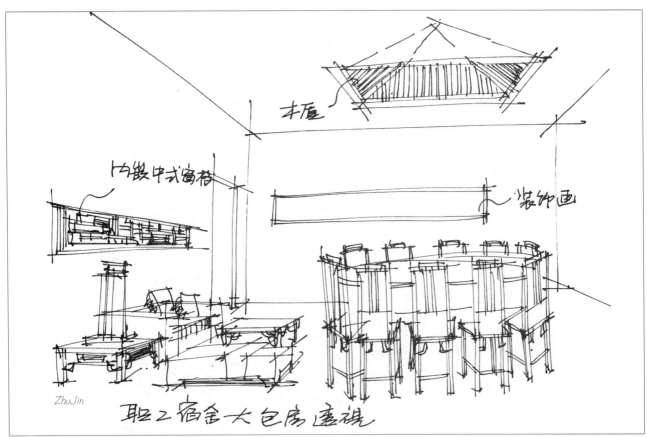

（上）图 4-13 某职工倒班宿舍餐厅室内设计透视草图。

（下）图 4-14 某职工倒班宿舍餐厅包房室内设计透视草图。

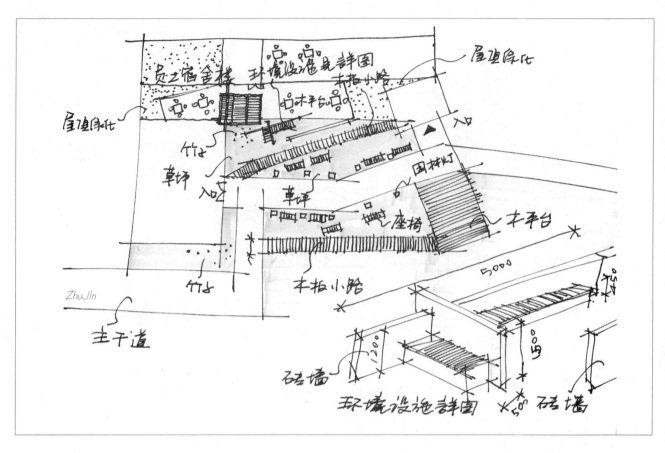

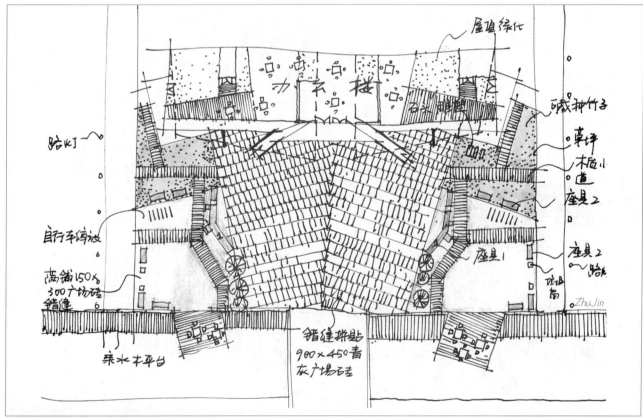

（上）图 4-15 某职工倒班宿舍前广场景观设计平面草图。

（下）图 4-16 某综合办公楼前广场景观设计平面草图。

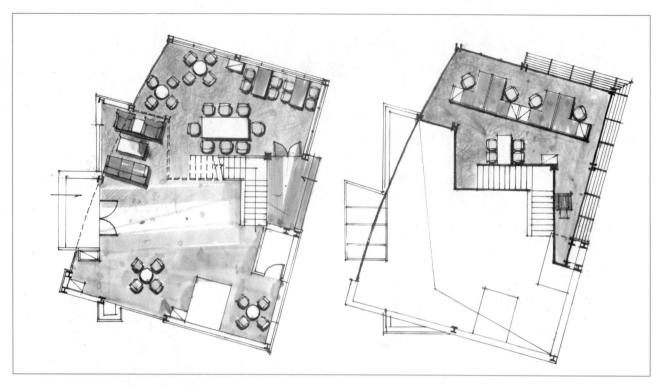

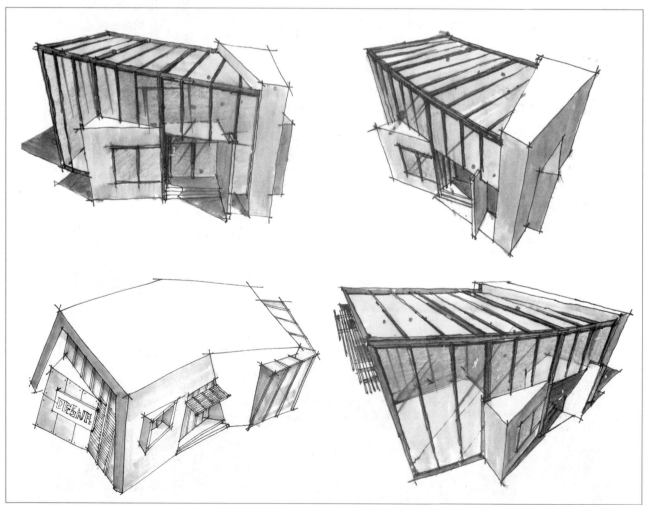

图 4-17 某售楼处设计方案草图。在平面图的基础上以草图勾勒不同角度透视，同时对造型进行拓展变换思考。

图 4-18 某景观小品设计方案草图。当方案进行到一定阶段时，需要将构思以较完整的草图形式快速表达出来，这既是对比较模糊的概念的一种肯定，同时也为继续调整和深化留有余地。

第三节 完整成图

　　钢笔建筑成图相对速写或构思草图而言，创作时间较长，画面完整程度较高，对于构图、空间层次的丰富性、建筑形态的准确性、配景的选择安排、表达的细腻程度等方面的思考也都更加成熟（见图 4-19、图 4-20）。

　　绘画时，首先应在另外的图纸上采用建筑师作法求作出准确的透视（对于造型较复杂的建筑空间或规模较大的鸟瞰规划场景，也可以先采用 CAD 或 3DMAX 等软件建模后生成线框透视，或利用 SKETCH UP 导出有透视角度的"底平面"，再往上部"拔高"，画出立体透视或轴测图）。其次，再进行构图思考，将街道场景、车辆、人物、植物等配景都画出来，同时将受光下的阴影也画出来。接下来，再将作好的线框图复印放大到合适的大小、并拷贝到绘画所用正图图纸上。最后，在线框结构基础上进行影调表现。为了反映建筑物工整挺拔的形态特征，成图可依靠直尺等工具进行作图。

图 4-19 表现成图在构图、空间层次等方面都有较成熟的思考，主体刻画细腻，材质与光影都较逼真。（作者：易望春）

图 4-20 虽然没有就块面进行写实的描摹，但体量转折关系清晰，画面完整而不紧张。

第四节 综合技法

每一类绘画手段都有其独到之处（见图 4-21）。为了扬长避短，设计表现一般不只单纯运用一种工具类型，更为常见的是将不同种类的工具配合使用。随着时代变迁以及大众审美能力与接受程度的变化，表现技法的"流行"倾向也会发生转变。钢笔画是一种传统的设计信息载体和图像交流媒介，在新材料与新工具的推动下，从徒手渲染到使用计算机技术，其技法形式不断推陈出新。

一、钢笔与彩色铅笔

彩色铅笔的优点是轻松、柔和，但单独用彩铅表达，边界线不够清晰，同时其色彩明度、彩度层次跨度不容易拉大。因此在快速表现图中，通常先以钢笔区分出亮部、暗部、阴影，再以彩铅排列的短线笔触渲染留白的亮部、天空等，并将建筑空间界面、家具、植物等的固有色调快速铺陈出来就可以了，不必反复涂抹到纸面发"腻"或具象地刻画肌理。画时要注意彩铅笔触方向不要变化过多或过于跳跃。

彩色铅笔分水性与油性两种。水性笔芯较软，色彩衔接较自然，同时为了避免细小笔触"碎"的感觉，还可以用毛笔蘸少许水，轻扫画面，将笔触融化开来，形成整体的一片色块。油性笔芯较硬，但笔触较肯定。

二、钢笔与马克笔

马克笔颜色透明、表现力强；常见的马克笔一端为较宽的斜切长方断面的扁头，而另一端则为圆形断面细头。画时钢笔线条不必太拘谨，因为马克笔还可以掩饰一些小失误，同时它也不会被马克笔的溶剂所溶解，可以保持清晰的边缘。接着再用马克笔从大面积着手渲染，由于马克笔不具备覆盖性，所以应先上浅色后上深色。笔触应该有规律，运笔要快速利落，不宜反复涂画（见图 4-22）。有经验的画家也可以从面积较大的基调入手，以此确定与其配合的其他色相层级。

马克笔分水性、油性和酒精性三种。水性色彩较易融合，但色彩干后偏灰，而且多次重叠容易擦伤纸面。油性笔色彩响亮，耐水耐光，使用较多。酒精性马克笔快干而且环保，若因放置时间较长而墨水干涩时，则可用医用针管往笔头注射酒精将墨水重新溶解稀释，在画同色系褪晕时继续使用。由于染色剂非常易挥发，所以马克笔不会像水彩那样使纸张褶皱，在各种纸张上都能产生良好的效果，但最好还是画在马克笔专门用纸 PAD 上面。

常见问题与窍门：

1. 购买马克笔时，不一定要一次购买全部系列的颜色，可根据画不同材质所需要的色彩进行分类购买。如画木材、大理石等各需要哪几支色号的笔，并将其记录下来供下次购买时参考。同时还可制作色卡。常见的油性笔品牌如美国的 PRISMACLOR、AD，韩国的 TOUCH 等。

2. 尝试在马克笔专用 PAD 纸、卡纸、绘图纸、普通 80 g 复印纸、喷墨打印纸以及硫酸纸上进行钢笔与马克笔结合的技法训练，感受纸张对运笔以及色彩明度、彩度的影响。

3. 可以先将钢笔线稿扫描至电脑保存，再将线稿打印在需要绘制的图纸上后进行马克笔上色。这样如果出错或不满意，还可以重新打印钢笔原图并上色。

图 4-21 分别采用铅笔、钢笔、彩铅和水彩四种不同技法来表现同一建筑物，其画面效果有微妙变化。（图片来源：刘晓东提供）

图 4-21 分别采用铅笔、钢笔、彩铅和水彩四种不同技法来表现同一建筑物，其画面效果有微妙变化。（图片来源：刘晓东提供）（续）

图 4-22 某公司员工餐厅两组方案。以同色系马克笔主要表现顶面与墙面的块面造型特征。

三、钢笔与水彩

　　钢笔与水彩结合通常是在钢笔结构造型的基础上施以水彩，既有肯定的轮廓线，又借色彩的冷暖表现空气透视、丰富细节层次并增加画面的灵动感受（见图4-23）。相比马克笔和彩铅而言，水彩更透明、更整体。绘画时有两种不同的步骤：一种是先钢笔后水彩，另一种则先水彩后钢笔。在正式上色之前，可先画一张小色稿以便画正图时更有把握。当表达比较工整的图纸时，可以先将钢笔线定稿背面涂铅笔线、蒙在水彩纸上并用鸭嘴笔或硬笔芯的铅笔等将结构线条"描刻"在正图上；也可以采用灯箱将线条拓印到正图上。接下来，再从面积较大的部分如天空或建筑物主色调着手，分块面进行平涂或褪晕渲染，以水带色；褪晕运笔时可以连续水平画圈以保证颜料停留足够长的时间并均匀分布，同时注意"守"住边缘线；一般从浅到深，从整体到细部，从建筑空间到配景；深色部分最好以饱和色一次成形，若需叠加上色，则遍数不要超过 2 ～ 3 遍，否则容易"灰"。最后在上色基本完成后，再将一些模糊的边界以钢笔线加重勾勒清晰。如以水墨替代水彩进行渲染，画面则更加凝重（见图4-24）。在快速表现时，则主要以钢笔造型为主，水彩只是让画面有大的色彩关系倾向，笔触应更"松"，无须画得太"满"（见图4-25）。

图 4-23 武汉江汉关。以轻松的水彩铺陈柔化了钢笔线条，使原本对称严谨的建筑物不再生硬。（作者：李瑾瑞）

（上）图 4-24 钢笔水墨渲染的画面统一而凝重。（作者：刘捷）

（下）图 4-25 武汉黄鹤楼。对于细致勾勒较复杂的形态结构钢笔线条比较有优势，水彩只需具备大的色彩倾向。（作者：李瑾瑞）

四、钢笔与电脑软件

自20世纪八九十年代计算机软件介入甚至替代了大多数手绘工具之后，电脑效果图以其快速、逼真、易于修改等特点被迅速普及。目前很多设计方案都采用 3DMAX、LANDSCAPE、MAYA 等电脑软件，经由建模、赋材质、打灯光、渲染等步骤，最终完成逼真的效果图。但是手绘技法在虚实处理、情绪传达等方面更有优势，这种语言为观者欣赏、画者的后续创作与方案调整深化都留有余地；同时其"作品性"更强，而并非仅仅是工程设计图纸而已。另一方面，手绘中的非确定因素与即兴变化产生的偶然效果以及过程体验也是设计师和画家所追求的，因此可将手绘与电脑软件优势互补地结合运用。

一种方法如前文所提：以计算机求作透视、再以钢笔配合马克笔、水彩等手绘表现影调。另一种方法则正好相反：以钢笔勾勒结构轮廓，再扫描到计算机，用 PHOTOSHOP 等平面图形软件对块面进行喷绘上色、褪晕和质感表现（见图 4-26 ～图 4-29）。一般选择分层透明叠加的模式，这样钢笔线稿就不会被上层色彩所覆盖。采用电脑手绘板（如国产品牌汉王、日本品牌WACOM 等）这种输出设备配合 PHOTOSHOP、PAINT、OPENCANVAS 或其他一些画图软件，是近年来出现的实现"无纸化"手绘的一种手段。这样可以利用软件模拟的钢笔、毛笔、彩色铅笔、马克笔、油画笔等数十种工具直接画，并同步传输到电脑中，而无须先用笔在纸上画好后再扫描到电脑里去。另外，利用计算机拼接照片的技术可以模拟出 360° 全景摄影图像，它为临绘照片或选择新颖的视角都提供了全新的参照[10]。

图 4-26 某办公接待处两组方案。空间顶面留白以突出界面与家具的不同设计。

（上）图 4-27 某办公接待处两组方案。空间顶面留白以突出界面与家具的不同设计。

（下）图 4-28 某住宅起居室设计方案。钢笔线条白描空间透视后，在 PHOTOSHOP 软件中上色，在樱桃木家具与枫木地板的固有色的基础上，以褪晕后叠加光晕的方法使大面积材质有一定变化，而不至于太呆板。

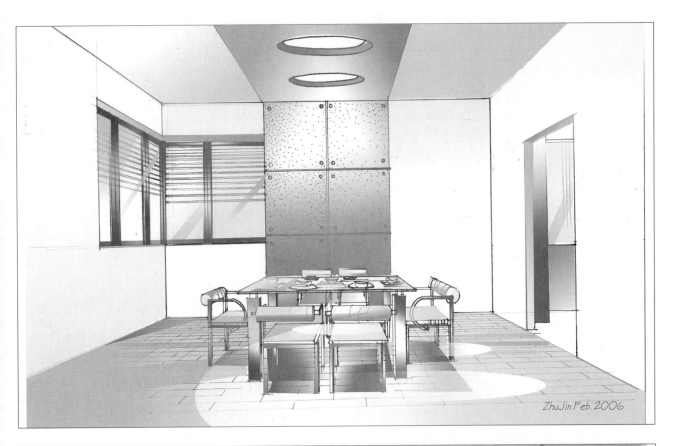

（上）图 4-29 某住宅餐厅设计方案。地板上圆弧形的光圈与顶部照明相呼应。

（下）图 4-30 某住宅厨房设计方案。以褪晕渲染的方式表现出木、金属与烤漆板的不同材质特征。

图 4-31 某住宅卫生间设计方案。玻璃隔断只画了轮廓而没有上色处理，以反映内部空间关系。

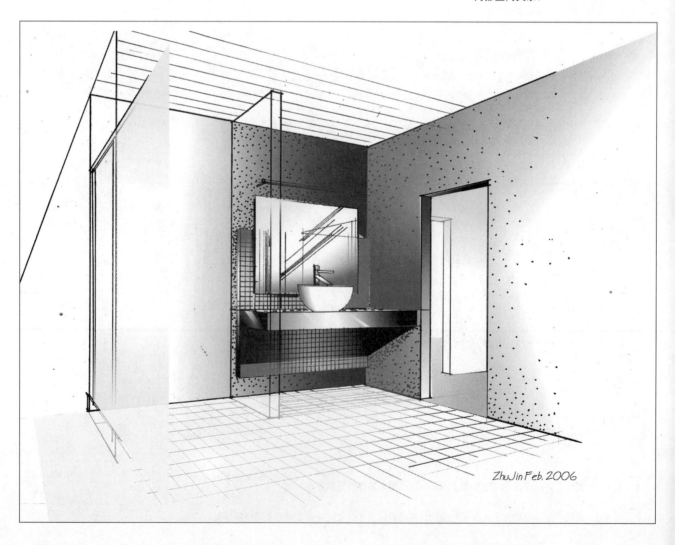

ZhuJin Feb. 2006

作品赏析

05

ZhuJin Jul.2011

图 5-1 山西平遥。熙熙攘攘的人群是画面中富有戏剧感的角色。

图 5-2 典型的稳定构图，视觉焦点理所当然落在造型与体量都占优势的中心塔楼上。

图 5-3 街道路面笼罩在建筑阴影之下，但行人和盆栽植物却有选择性地留白，这种有悖真实关系的处理是因为画面黑白反衬的需要。

图 5-4　屋瓦光影与强烈的水面倒影都让人感受到风和日丽，心旌荡漾。

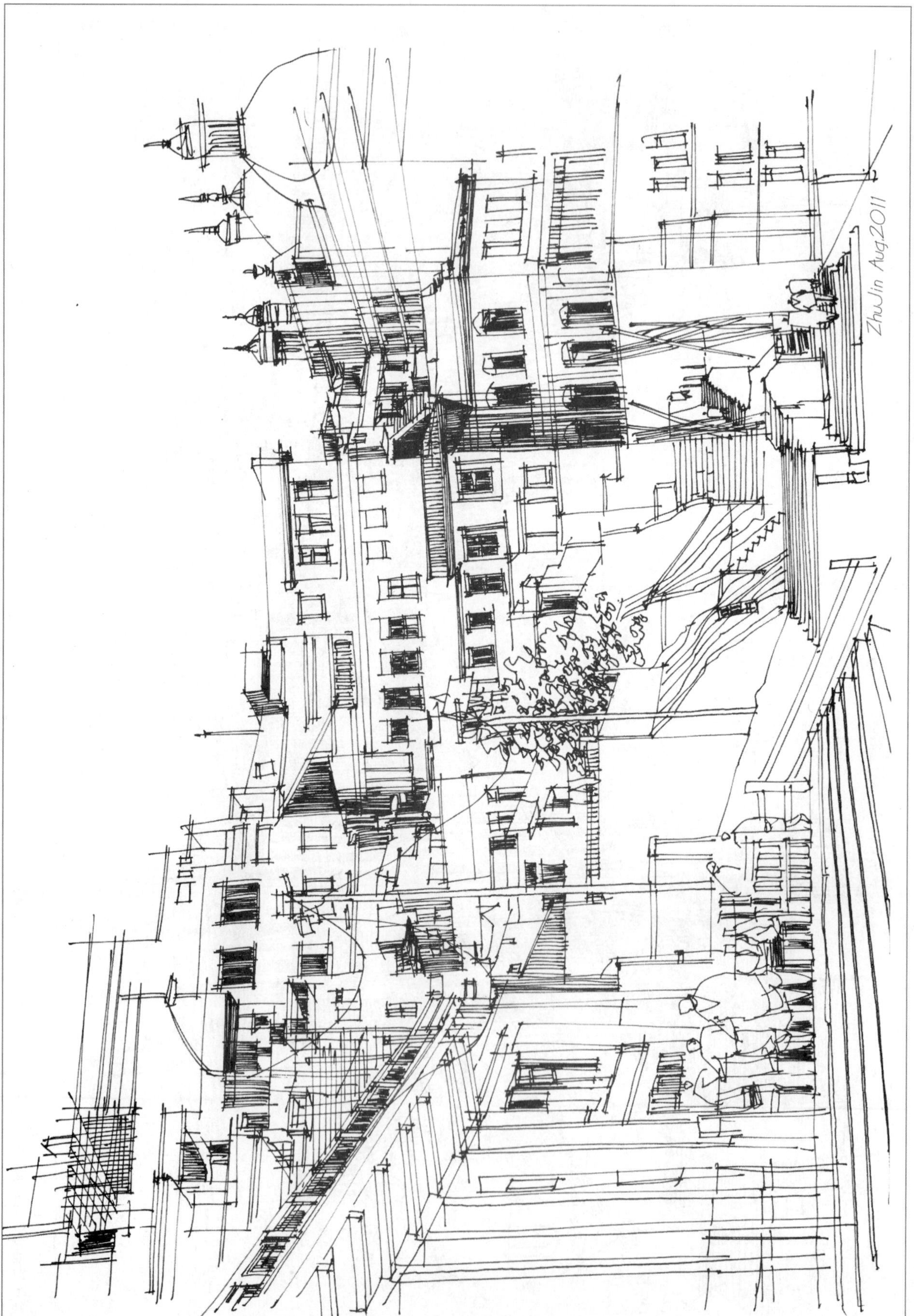

ZhuJin Aug.2011

图 5-5 印度恒河边密集的建筑物前后缺乏层次，因此以阴影来区分体量、暗示空间关系。

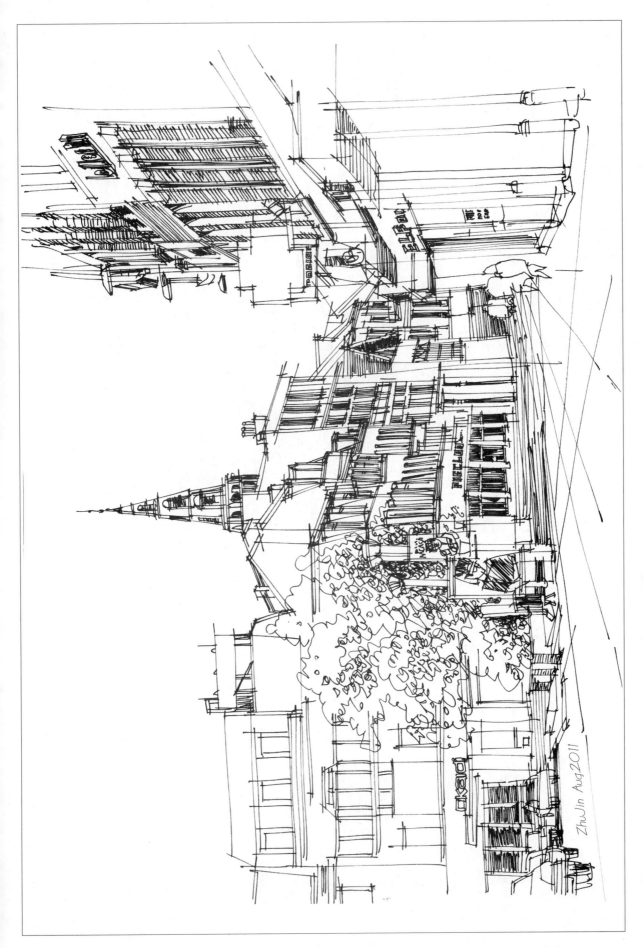

图 5-6　画面中只有最亮的部分和最暗的部分，没有中间灰调，这样使廓形更加挺拔。

图 5-7 小桥流水、轻舟荡漾，一幅闲适的江南生活图。

ZhuJin Aug.2011

图 5-8　越到画面中心线条越密集，安静的构图被疏密节奏的线构成所打破。

图 5-9 画面的绝大部分采用单线勾勒，重色调的左侧墙面起到平衡画面视觉分量的作用。前景中的妇女与小孩增加了生活气息。

图 5-10　放弃写实的刻画，转而关注虚空。笔法越简单，构图方式就越讲究。

ZhuJin Aug.2011

图 5-11　前景中斜向伸展的树木使教堂向画面中心挪移。

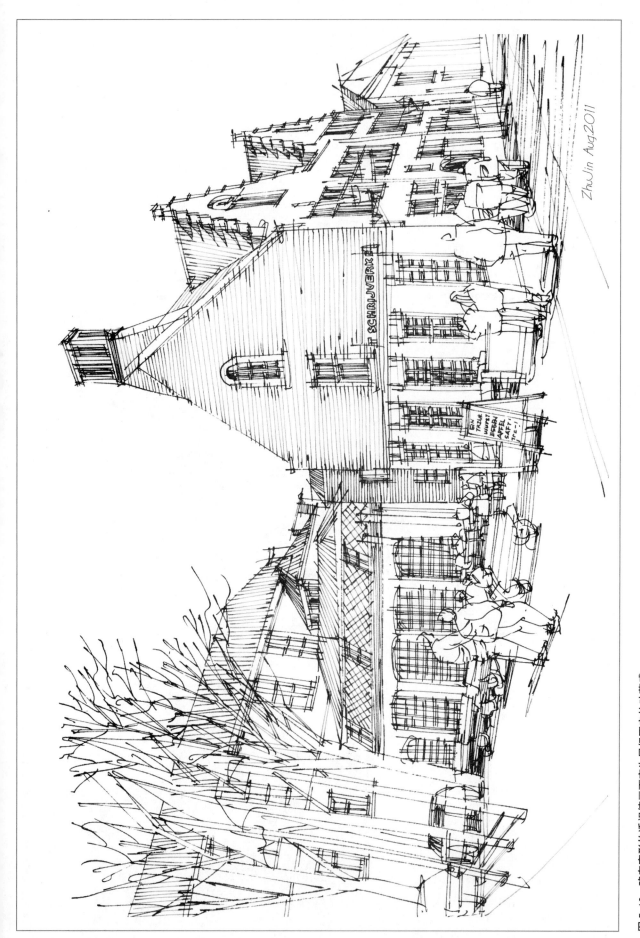

图 5-12　略有变形的透视使画面产生局促不安的动荡感。

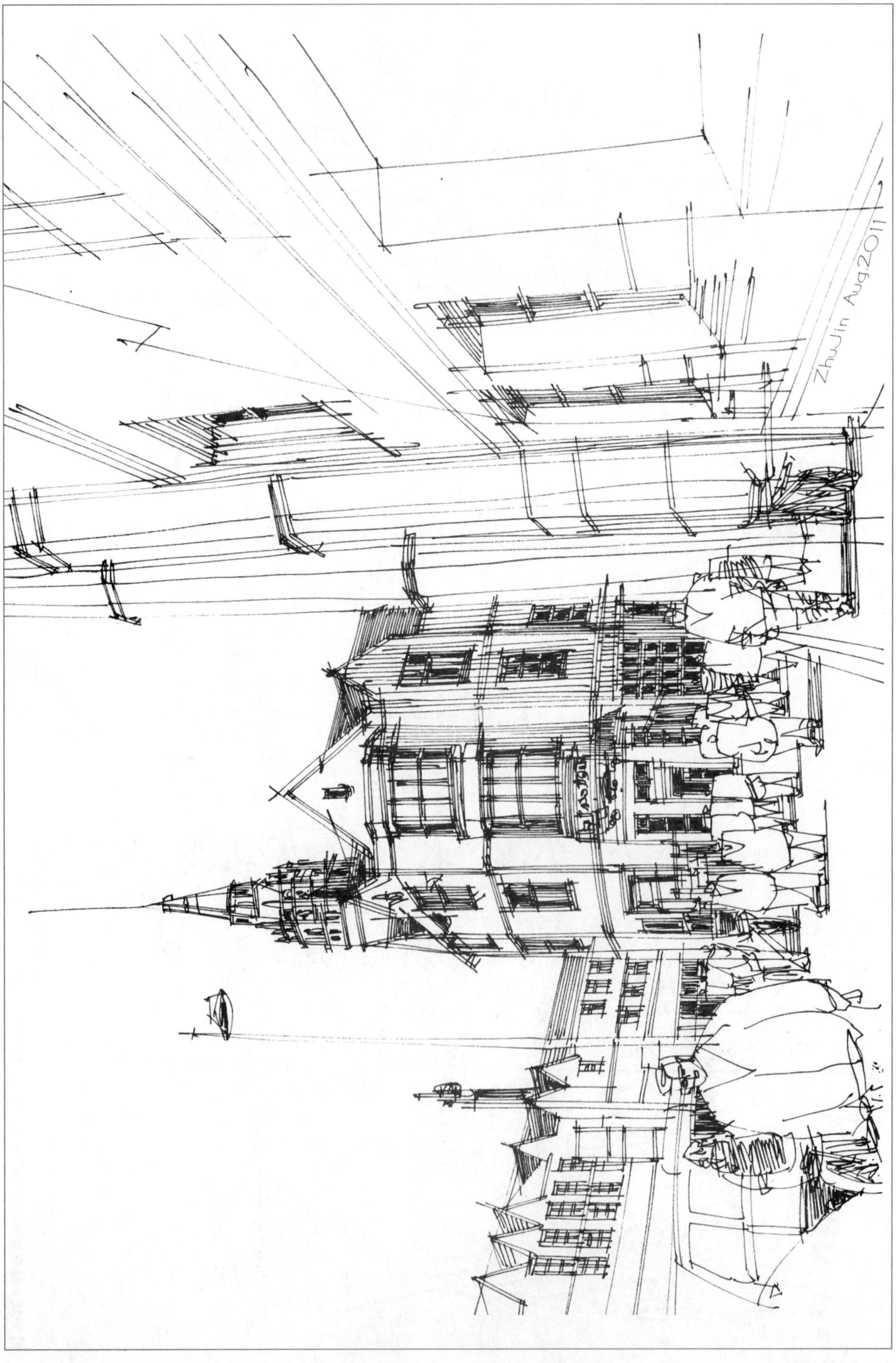

ZhuJin Aug.2011

图 5-13 空旷的路面与前景建筑物恰如过往行人"表演"的城市舞台与背景。

图 5-14 简化的画面结构更利于表现佛塔的空灵寂静。

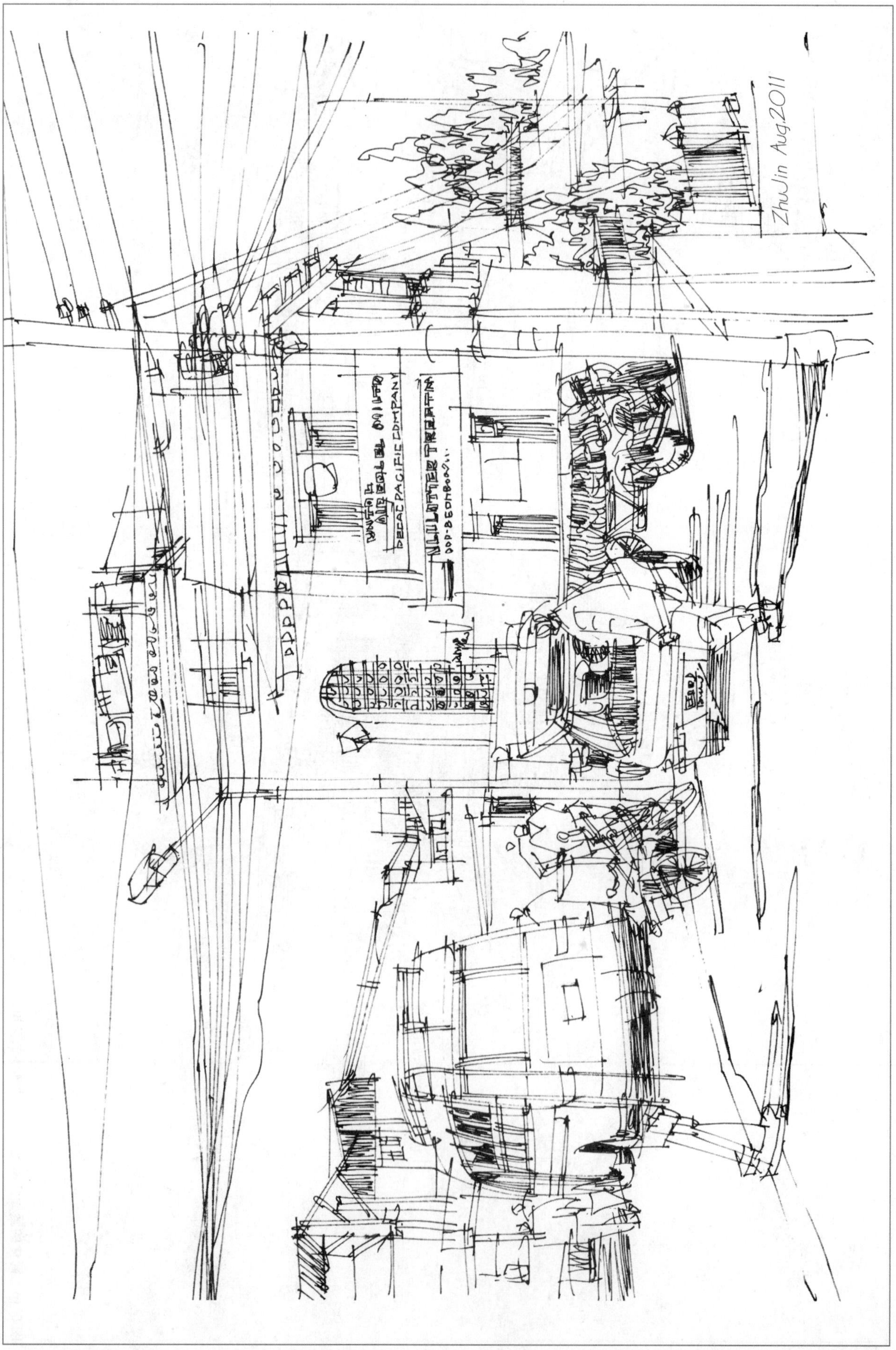

图 5-15　以率性的笔触再现凌乱嘈杂的市井生活。

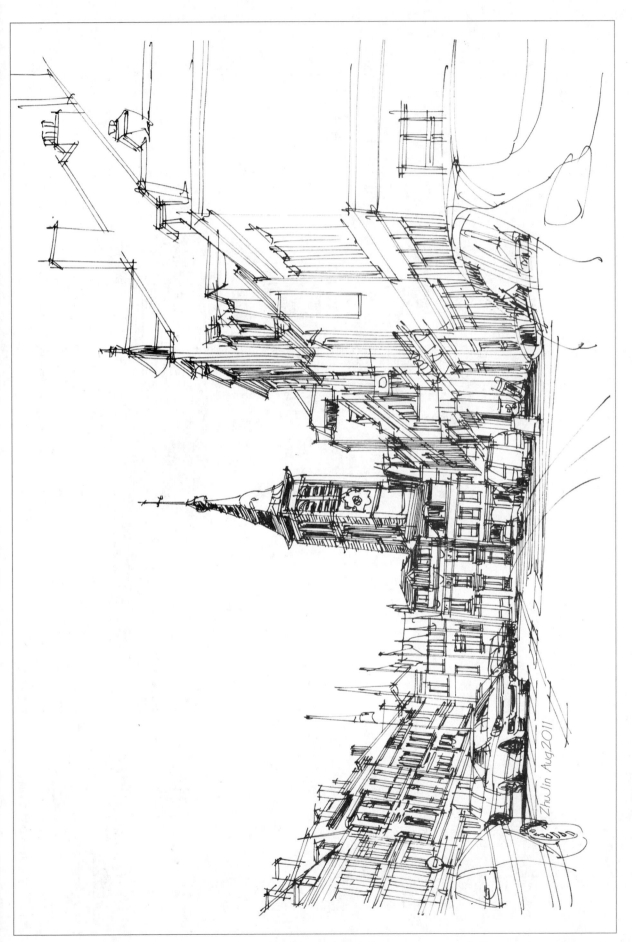

图 5-16 在速写中，只需抓住典型的屋顶、柱式形态，并保证线脚透视关系的准确性，就能让观者产生西方古典建筑的联想。

图 5-17 下意识将将亮部和暗部快速区分出来，不要受笔触束缚。

图 5-18　跃动的笔触是因为需要在短时间内迅速抓住光影关系，在第一印象中流露出的感性因素更容易感染人。

图 5-19　杂乱的里弄什物掩盖了空间的清晰性，令人迷惑。

图 5-20 随着景深推进，依然耐心地表现建筑结构；观者注视画面的同时似乎也跟随画面人物探寻小巷深几许。

图 5—21 采用流畅轻松的几道弧线勾勒体量巨大的古堡，避免了笨重之势充斥画面。

图 5-22　尽量用连续的长线条表现哥特式教堂向上的指向，树木枝干也以同样情绪的直线条与建筑相配合。

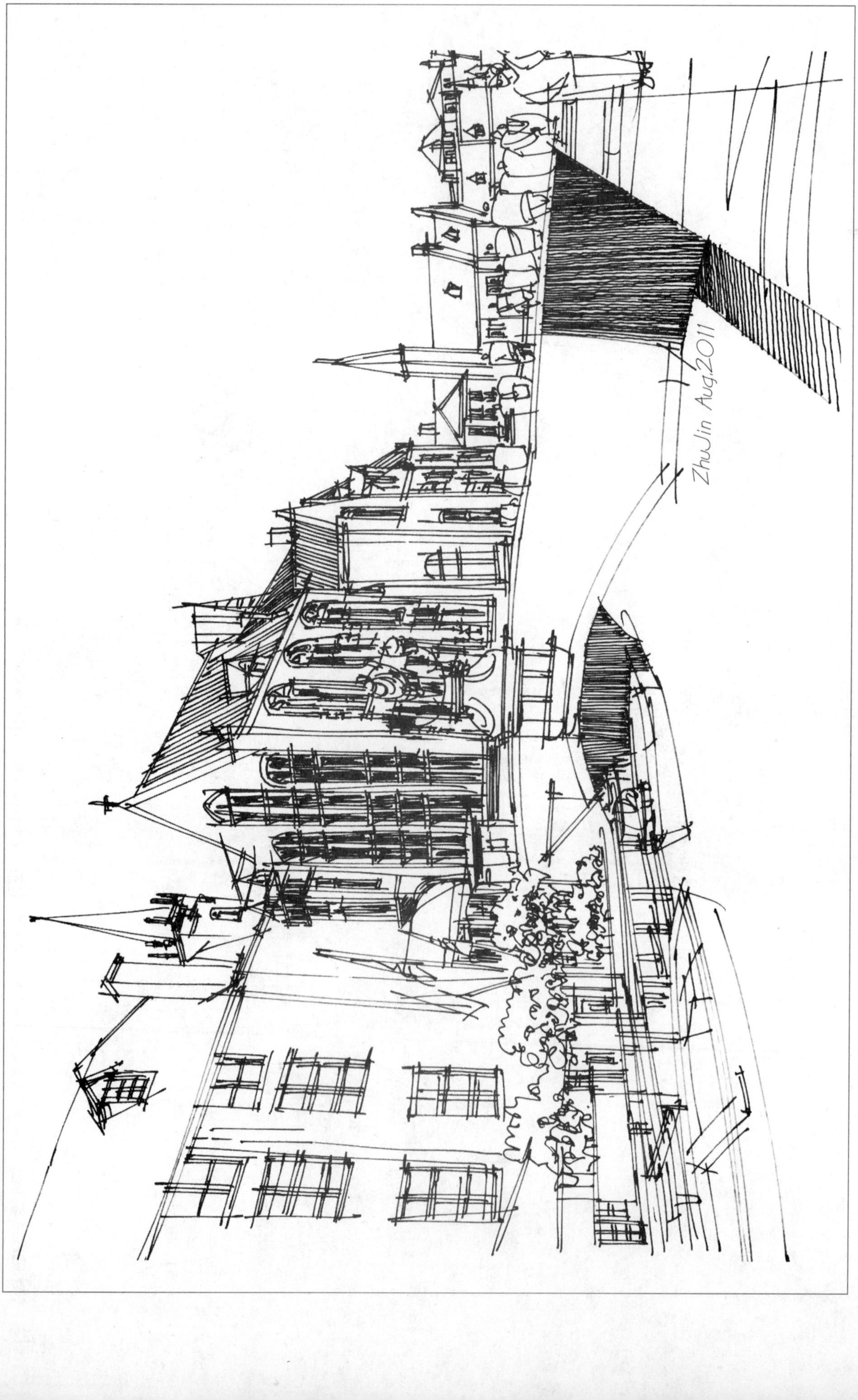

ZhuJin Aug.2011

图 5-23 河堤与桥身下工整排线的阴影也是画面构成的需要。

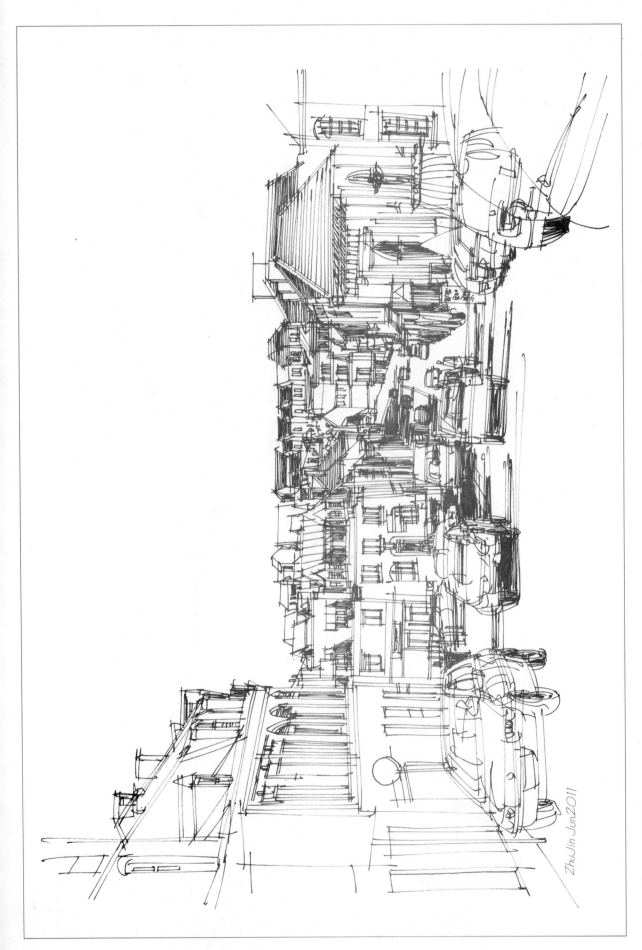

图 5-24　远处留白的道路重新梳理了车水马龙的空间。

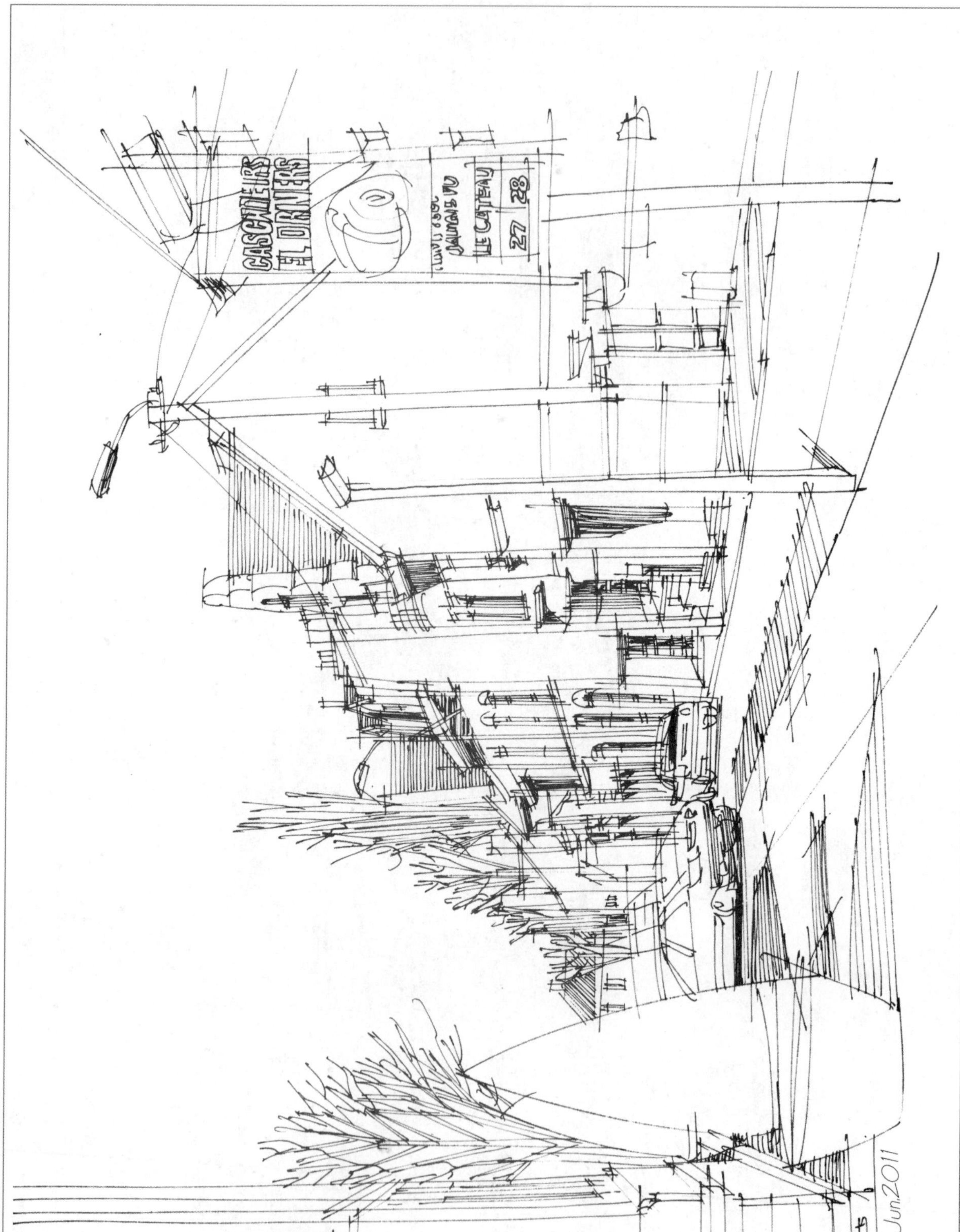

图 5-25 对于绘画者而言，每一次肯定的运笔也是一次情绪的畅快抒发，以及对画面秩序感的享受。

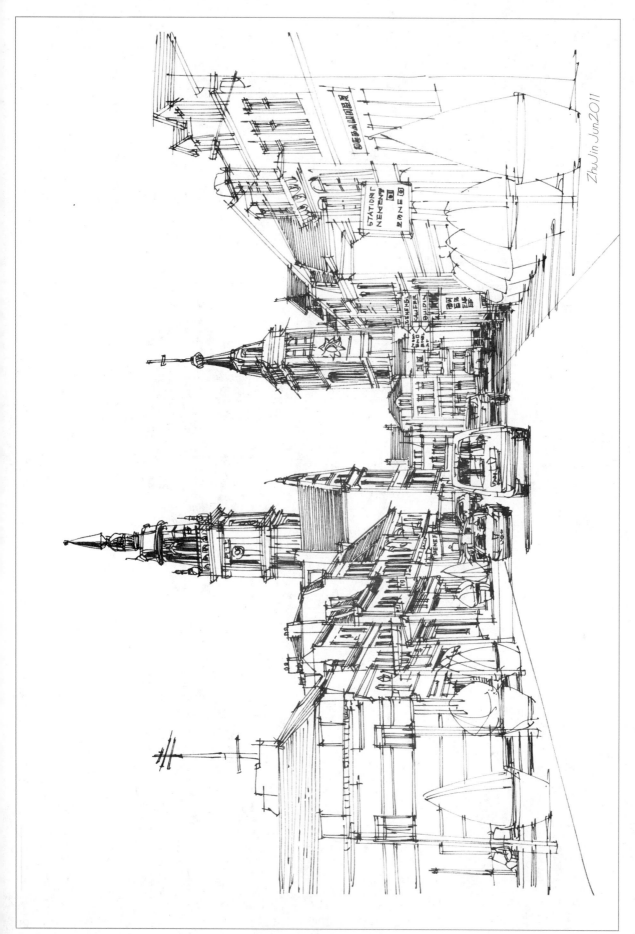

图 5-26　尖顶挣脱了平行透视的水平趋势，成为街道景观的构图中心。

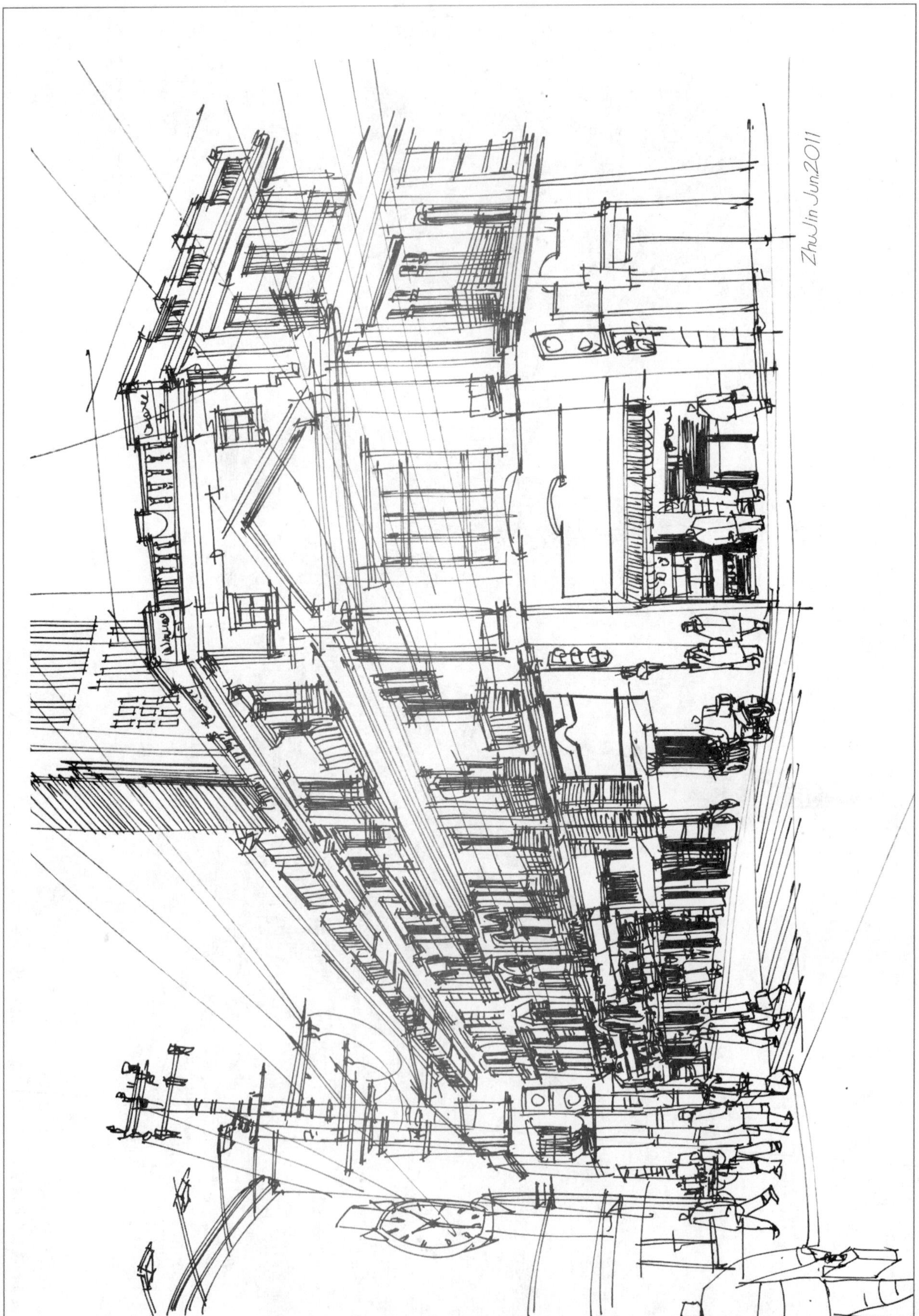

ZhuJinJun.2011

图 5-27 钢笔画的线条语言是既是直接的也是抽象的。观者欣赏的是基于线构成的三维空间与场景意向。

图 5-28 强光下的暗部也应有变化和细节，要"透气"。

图 5-29　用细密的线条仔细刻画画木板画墙面，表现出倚河而建的吊脚楼整体较暗的固有色。

图 5-30 由于钢笔画无冷暖浓淡淡之分，固在表现虚实与远近时与色彩表现方法有所不同，让自行车笼罩在阴影中，而不必刻画画每一辆车的细节。

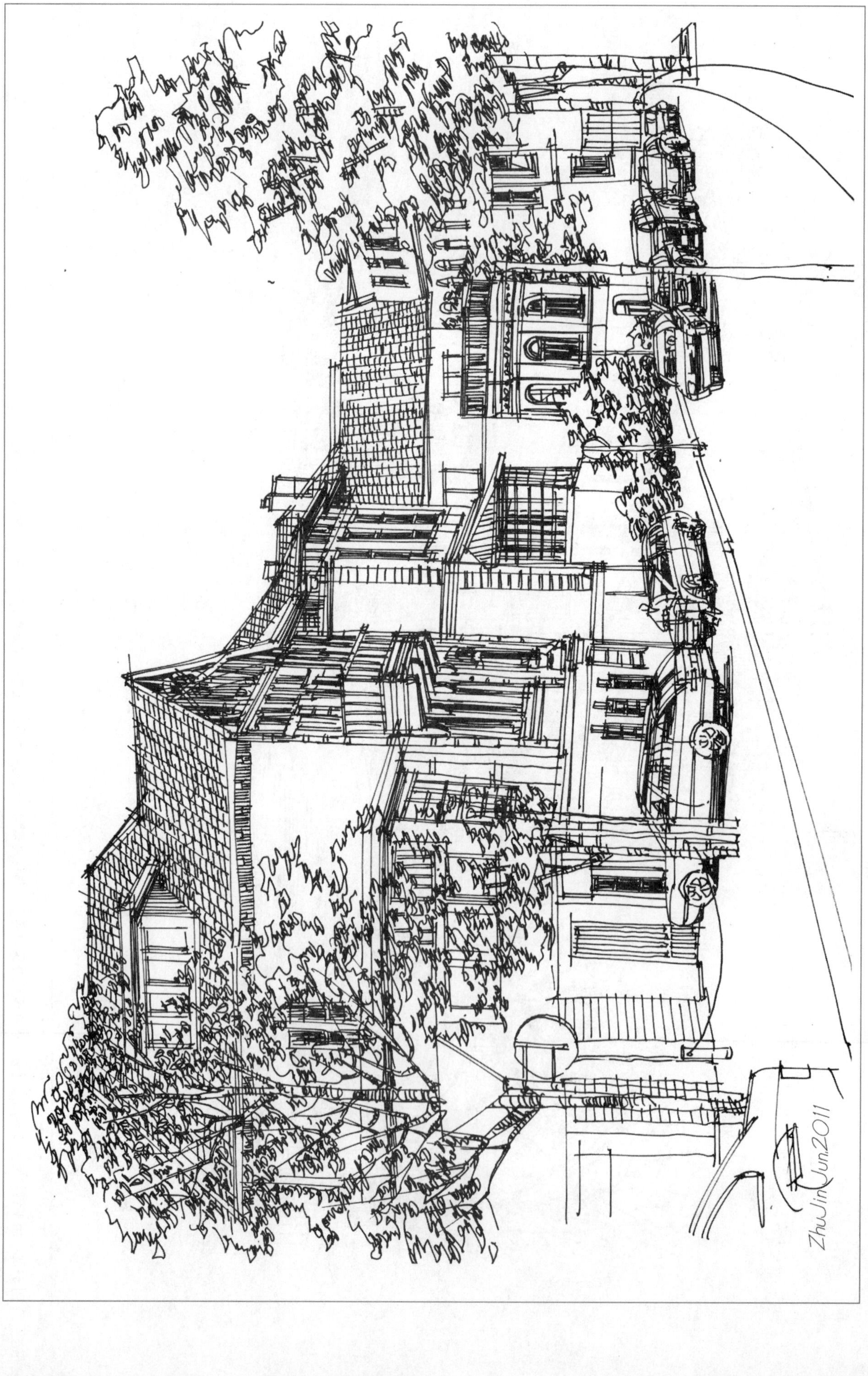

图 5-31 根据画面需要安排配景，画面中树种种统一，远景以树木加以遮挡，使三角形的透视构图有了终结。

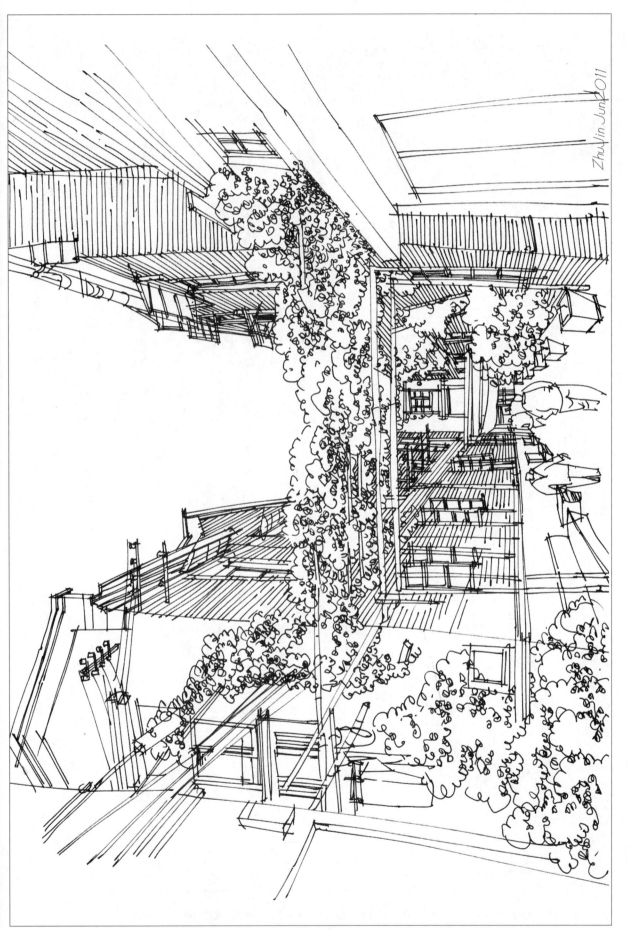

图 5-32　正面墙体留白，侧面砖墙材料线强化了透视进深。

图 5-33　当前后景物出现相互遮挡时，应先画近景树叶，再在空白处画水平铺设的砖，而不应先画砖后"填"树叶。

图 5-34 画西方古典建筑时需要先了解其造型特征，然后再采用工整的线条表现其结构逻辑。

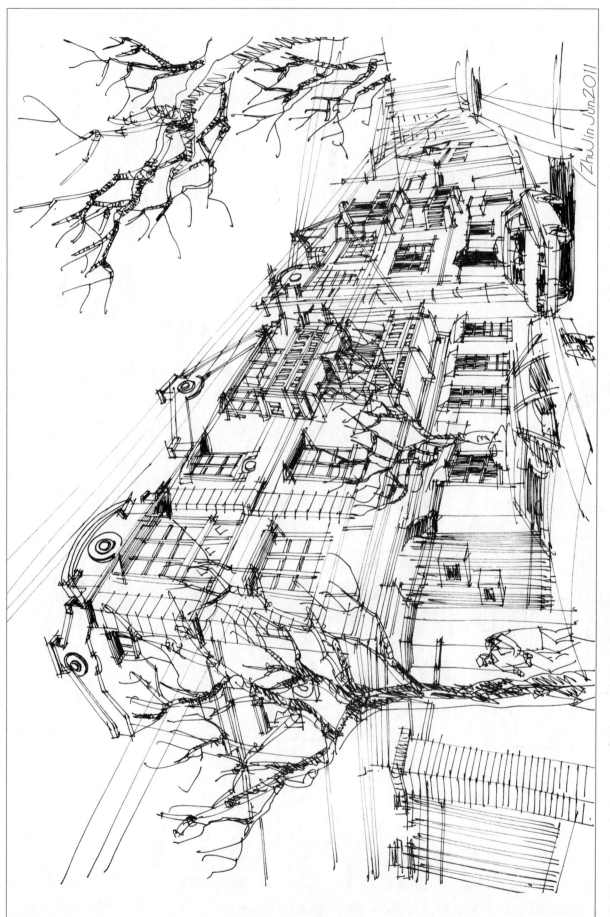

图 5-35 上海溧阳路沿街石库门建筑虽在屋顶形态与门窗细部上有差异，但各个体量相当，固而有意采用夸张的视角以使原本缺乏起伏与对比的天际线更有动感。

图 5-36 耐心淡定地勾勒屋面瓦片，使画面工整如插画。

ZhuJin Jun.2011

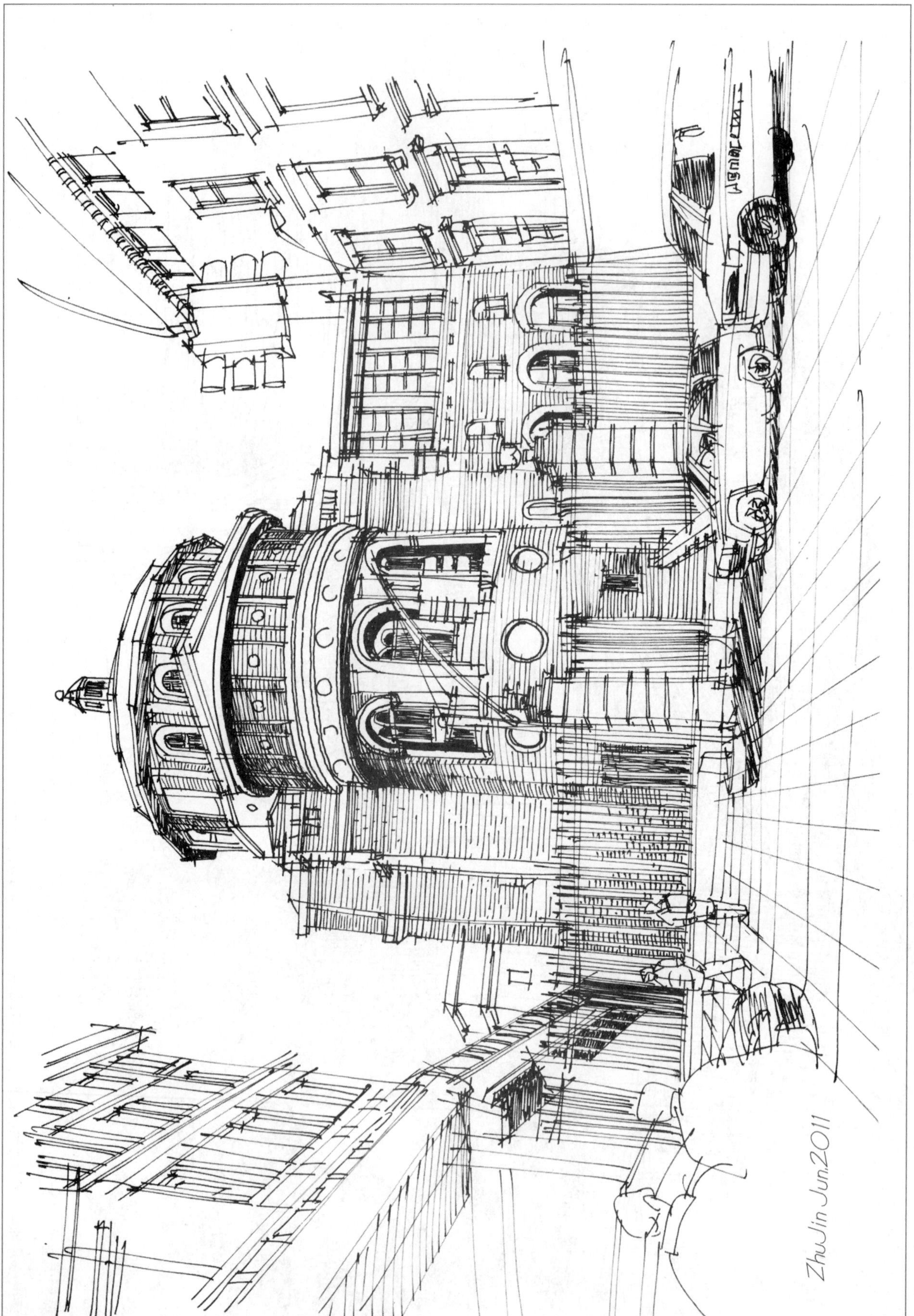

图 5-37　处于景框中的构图中心建筑无疑应该着墨最多。

ZhuJin Jun.2011

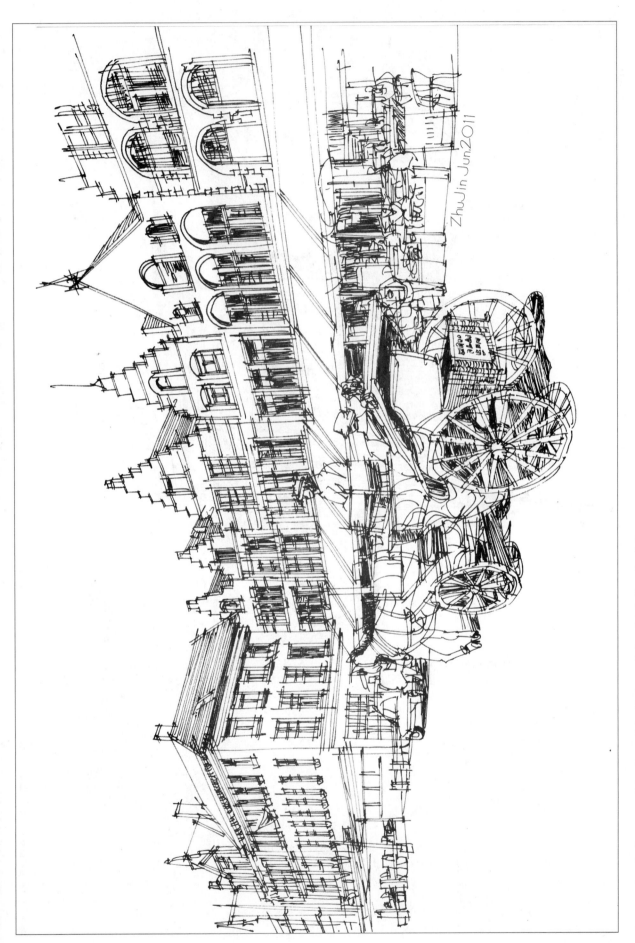

图 5-38　整齐严谨而具有韵律感的建筑山墙与前景中的马车仿佛将人们带回到了中世纪。

图 5-39 下笔之前应该想定确定想要表达的主体，这样才不至于至于平均用力，使观者无所适从。

图 5-40　渐变缩小的屋顶在远景处被层叠的树林剪影所替代，形成几何与有机形态的反差对比。

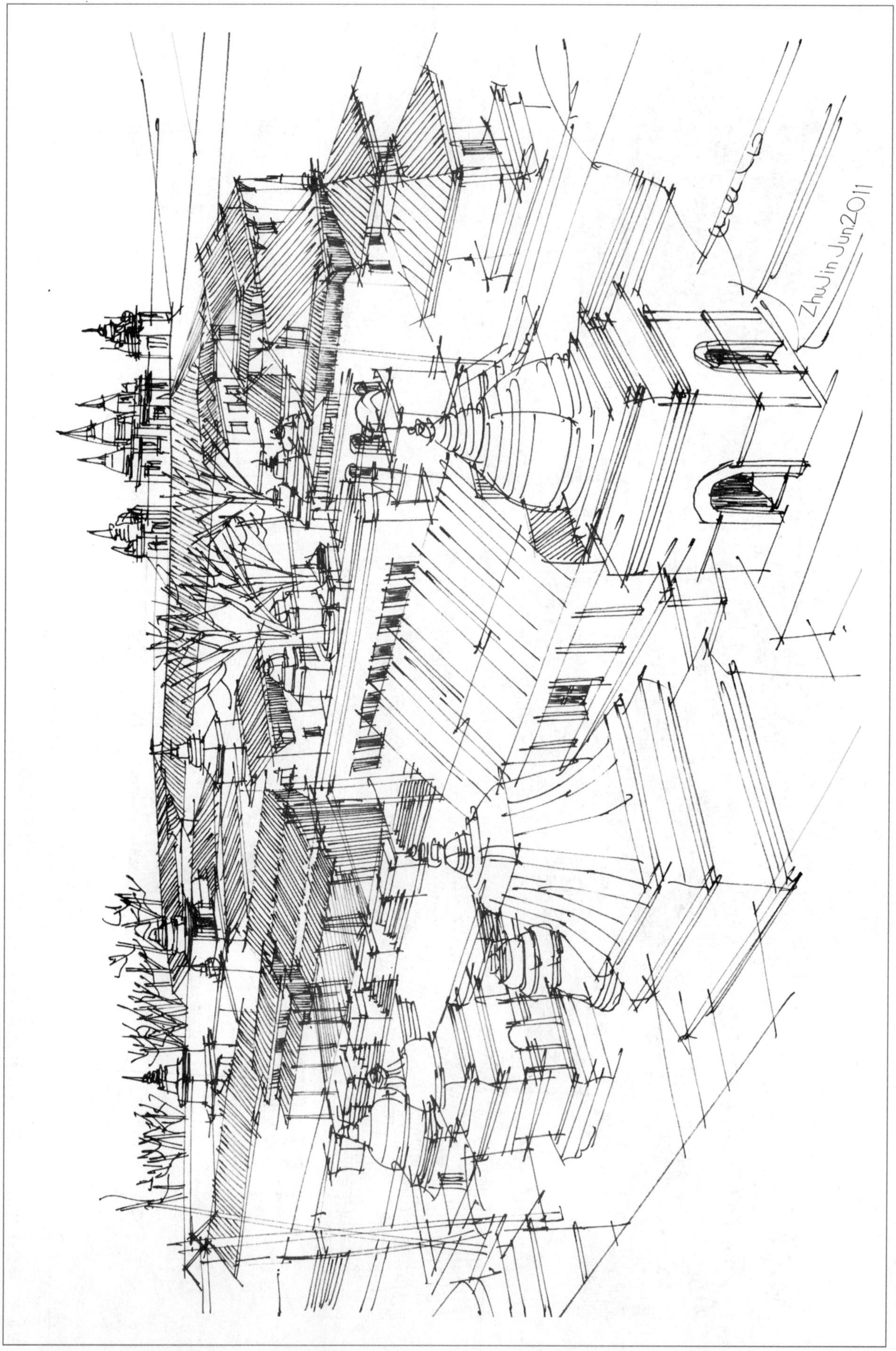

图 5-41 屋顶的走势也成为画面透视定位控制线。

图 5-42 看似凌乱的用笔实则是基于对尼泊尔佛教寺庙和砖石塔结构以及精美木雕的理解之上的再表现，使画面具有强烈的地域提示。

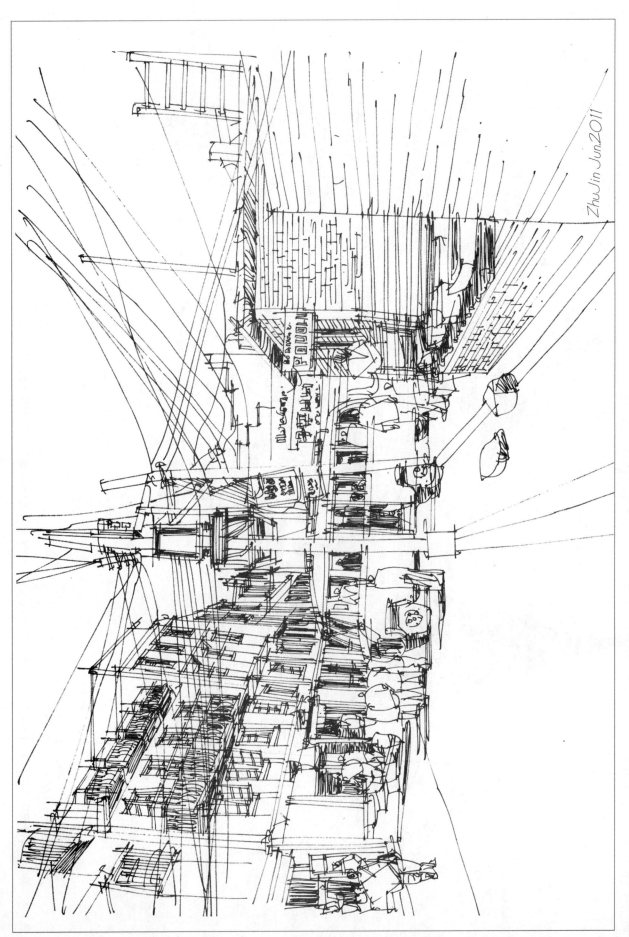

图 5-43 看似应为配景的电线杆位于画面中心，将画面生硬地劈为两半；而纠结结交缠的电线又将各个部分重新拉扯在一起。画面充满了矛盾与不和谐的力量。

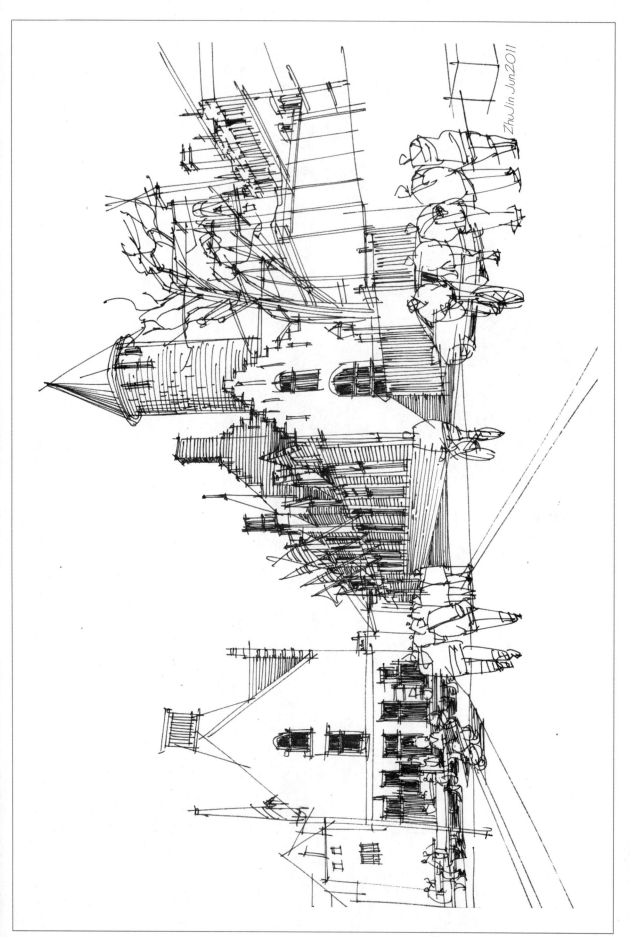

图 5-44 寥寥几笔地面长线往往会使透视关系更明确。

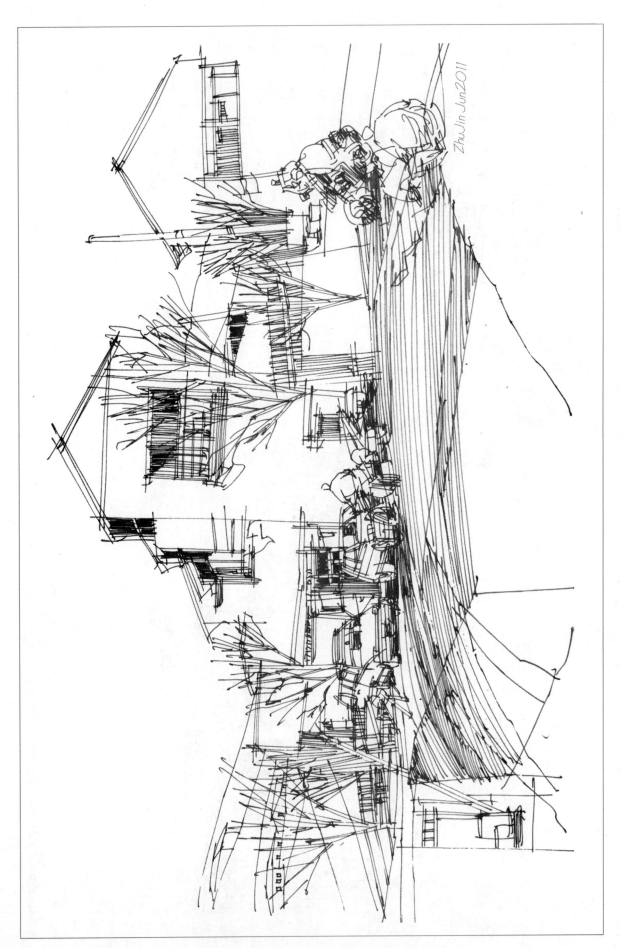

图 5-45　地面阴影一方面概括了凌乱的地形起伏或泥土植被，另一方面与受光的墙面形成对比。建筑与地面之间的车辆、人物丰富了画面层次，产生前后距离感。

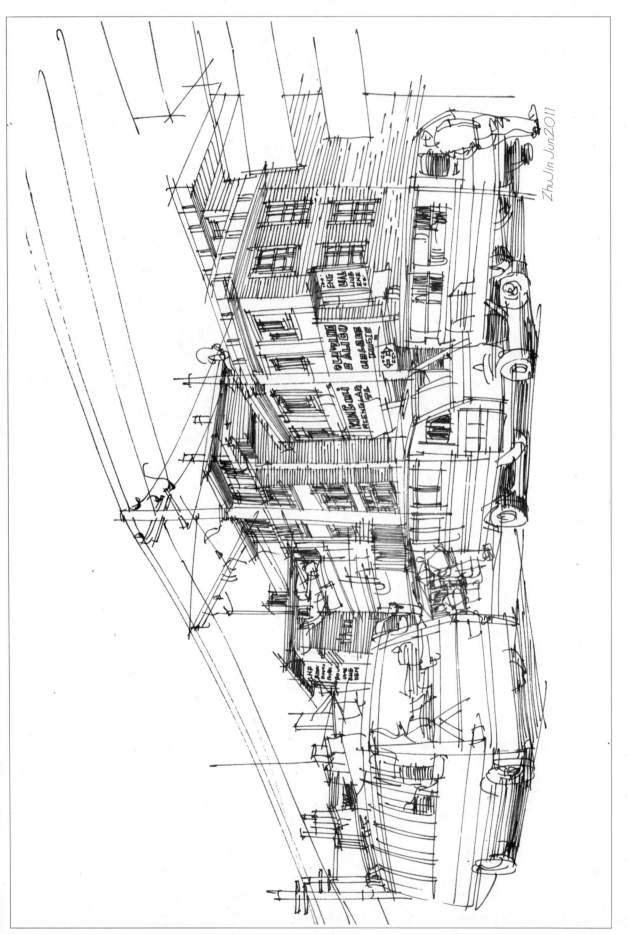

图 5-46 表形应该与表意相互重叠，否则画面会在真实复制中丧失生命力。

图 5-47　仰视透视要注意垂直方向向天空消失的趋势，尖塔上窗洞的高度也从下到上逐渐缩小。

图 5-48 用细小的笔触反映农家院落中琐碎的生活点滴，随意的构图使画面更有新鲜感。

图 5-49 将近景作为主体为表现增加了难度，因此画时对该建筑物进行了微妙的主次区分与刻画。

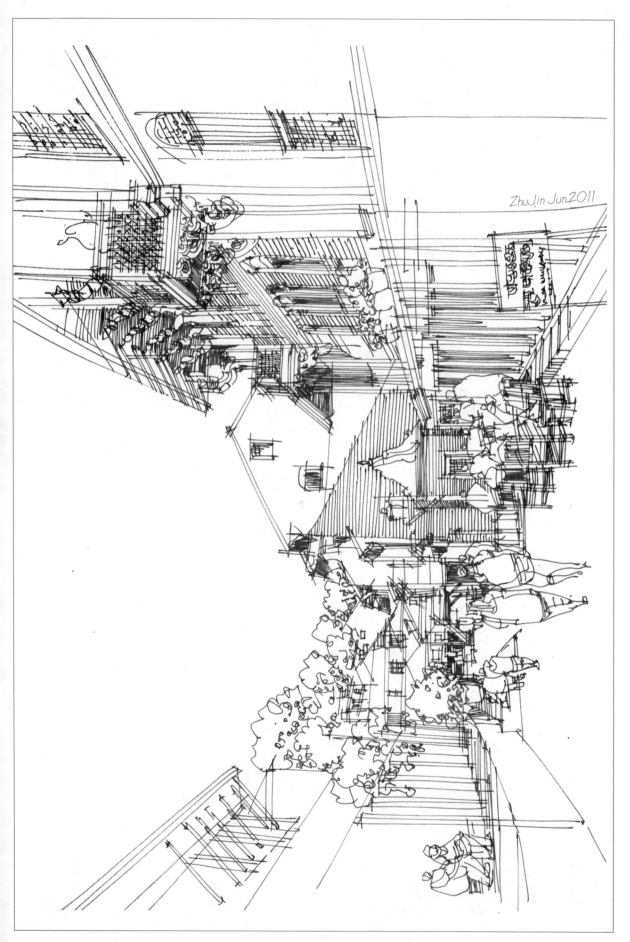

ZhuJin Jun.2011

图 5-50 建筑表现赖于透视，兼顾视觉与逻辑的双重真实，但画面信息的客观性不应成为风格的羁绊。

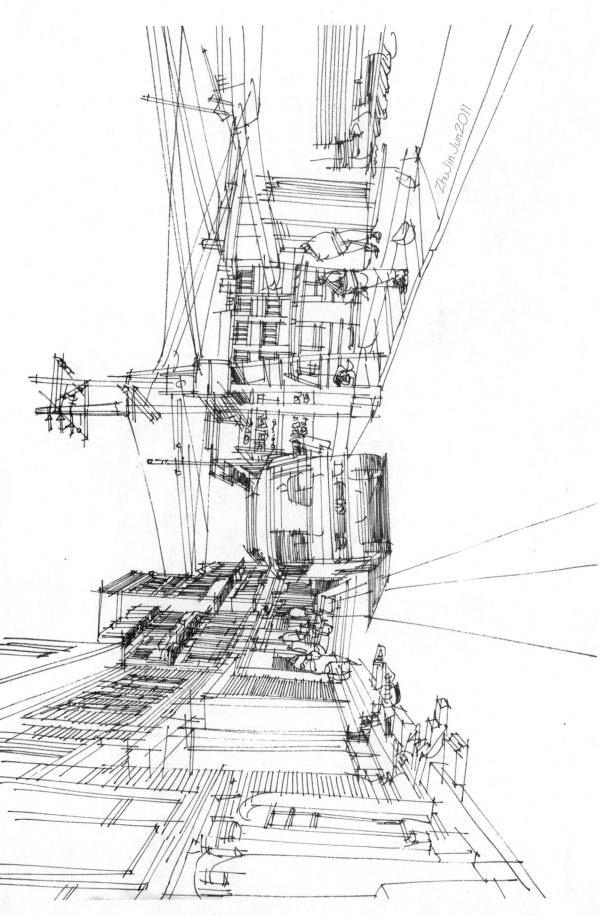

图 5-51　有时忽略细枝末节的形态的真实性而沉溺于对于线条结构成的把玩，反而会在更轻松的下意识中安排好画面，还原对于场景的想象。

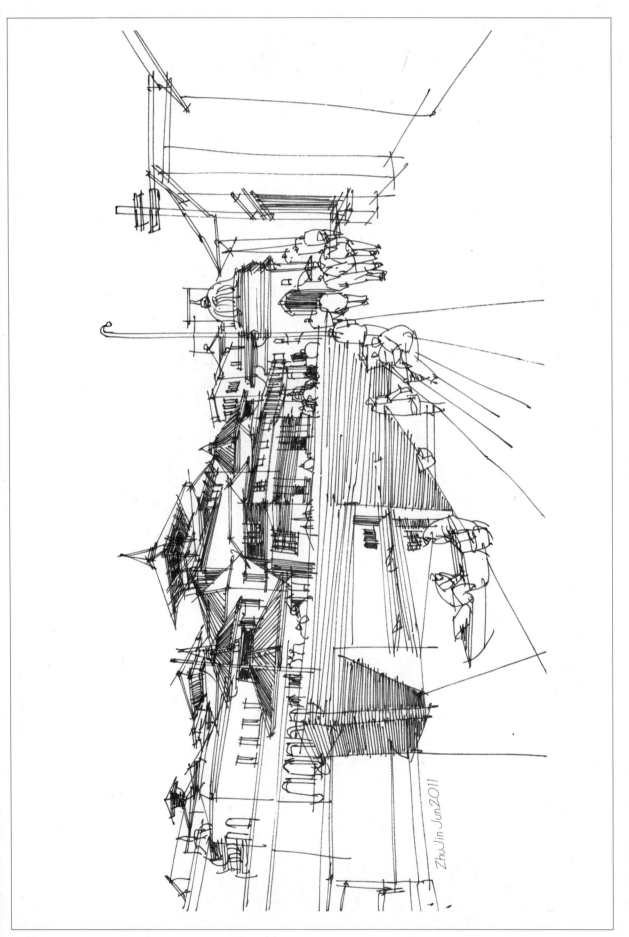

图 5-52　钢笔画应该避免为了技法而技法的程式化和世故的做作，而应在新鲜的视角中表达主观热情。

图 5-53 "密不透风、疏可跑马"可谓是设计与绘画画兼适的构成法则。

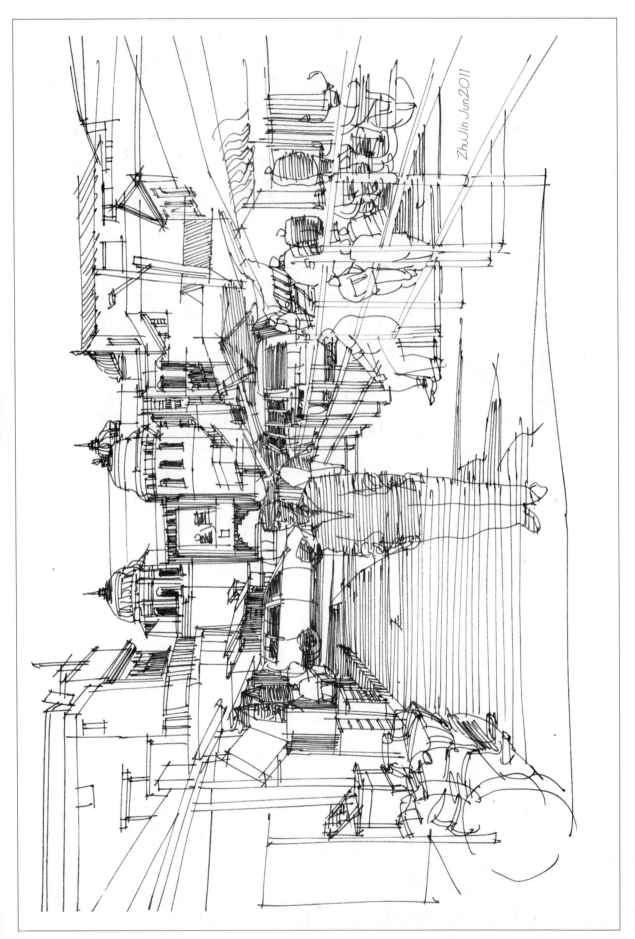

图 5-54 将人物一并画在水平阴影中进行剪影化处理，以使画面明暗层次更更整体。

图 5-55　画面仿佛只是截取了某个立面片段，其不完整性与上重下轻的构图未尝不是一种对视觉稳定性的挑战。

图 5-56　大部分建筑在细部构成上都具备规律化的元素，如门窗、阳台、挑檐等都是不可回避的重复性符号，渐变表现能使画面在统一的秩序中不显单调。

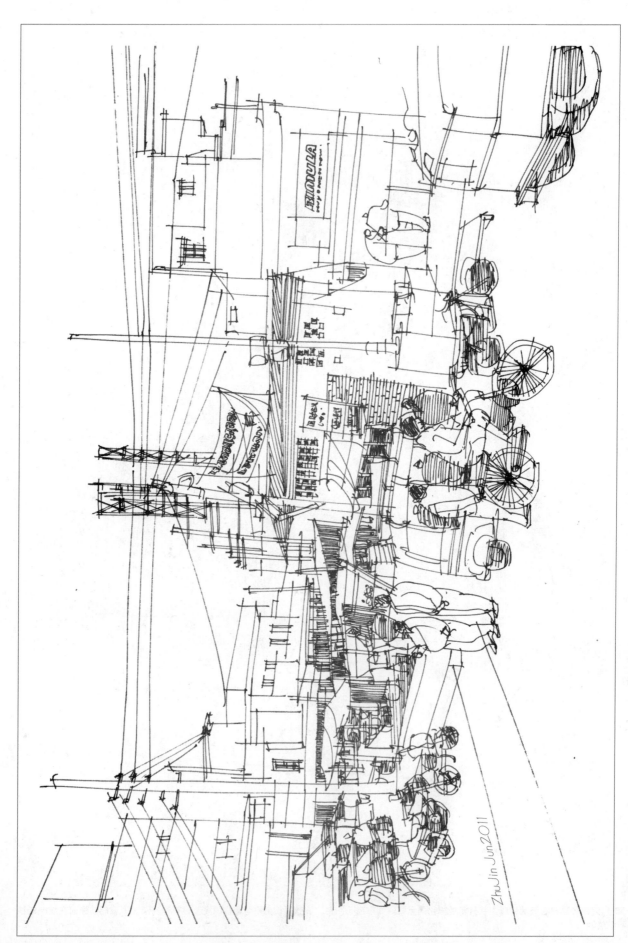

图 5-57　画面中建筑物与车辆、行人、杂什都采用平面化的表达，犹如写作中的直陈表达，反映平实单纯的视觉印象。

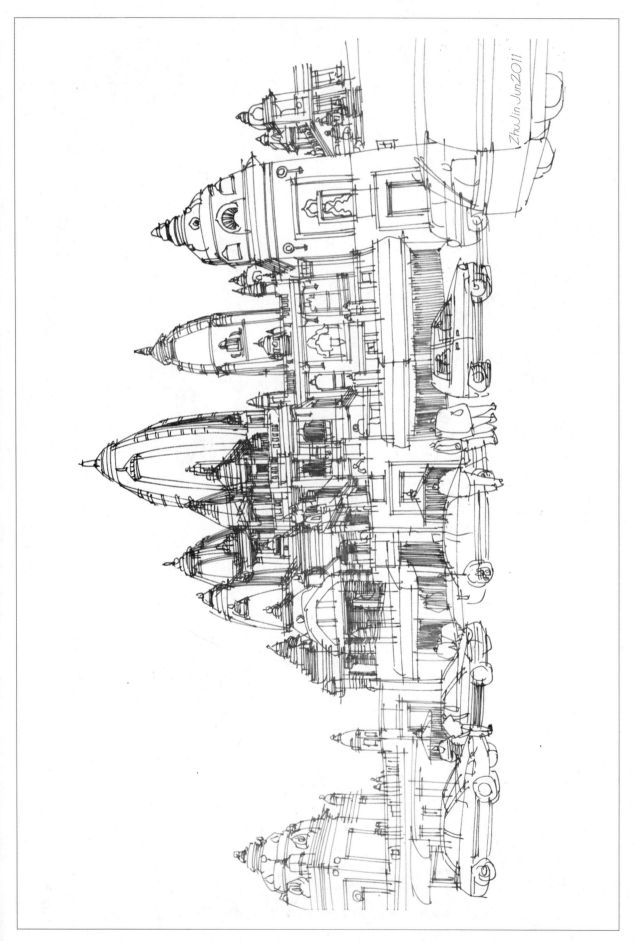

图 5-58　对于形态相似的单元体量应该分主次进行刻画，以配合高下韵律产生抑扬的节奏变化。

图 5-59 结构关系较复杂的空间并不排斥以尺辅助作画，干净清晰的画面中，线条成为可被独立欣赏的构成元素。

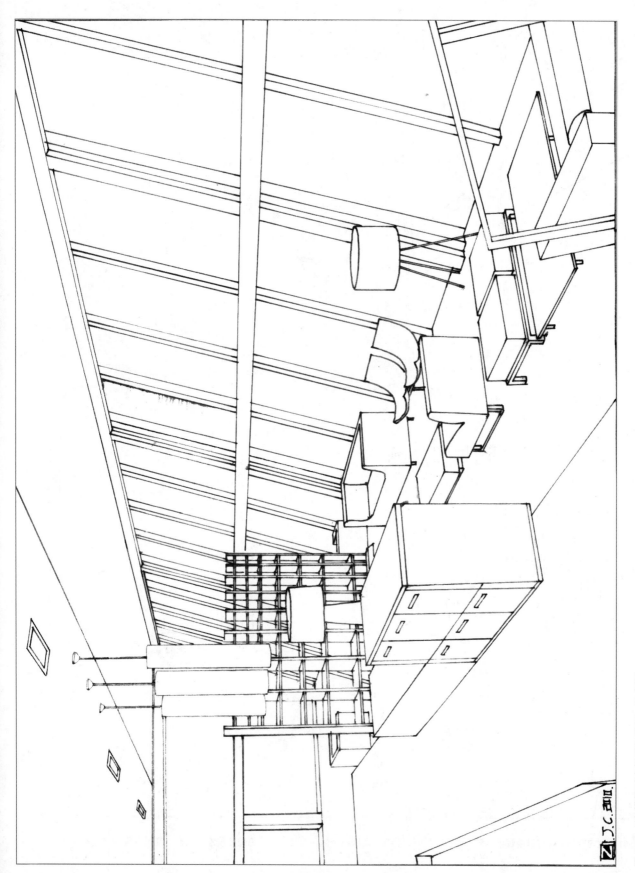

图 5-60　白描是对空间透视的再一次剖析。

图 5-61 室内空间开合与过渡较丰富时，往往容易前后混杂，反映不清楚。因此，对于每处体量都应耐心"交待"其三维关系。

图 5-62 　以富有动感的斜向笔触将画面情绪统一起来，有时还可以将错就错，遮盖小的误笔。

图 5-63　空间有疏密曲直的变化趣味。

图 5-64　对于徒手画，不要过于要求其完整性与准确无误，解放意识才能放松地慢速度运笔。

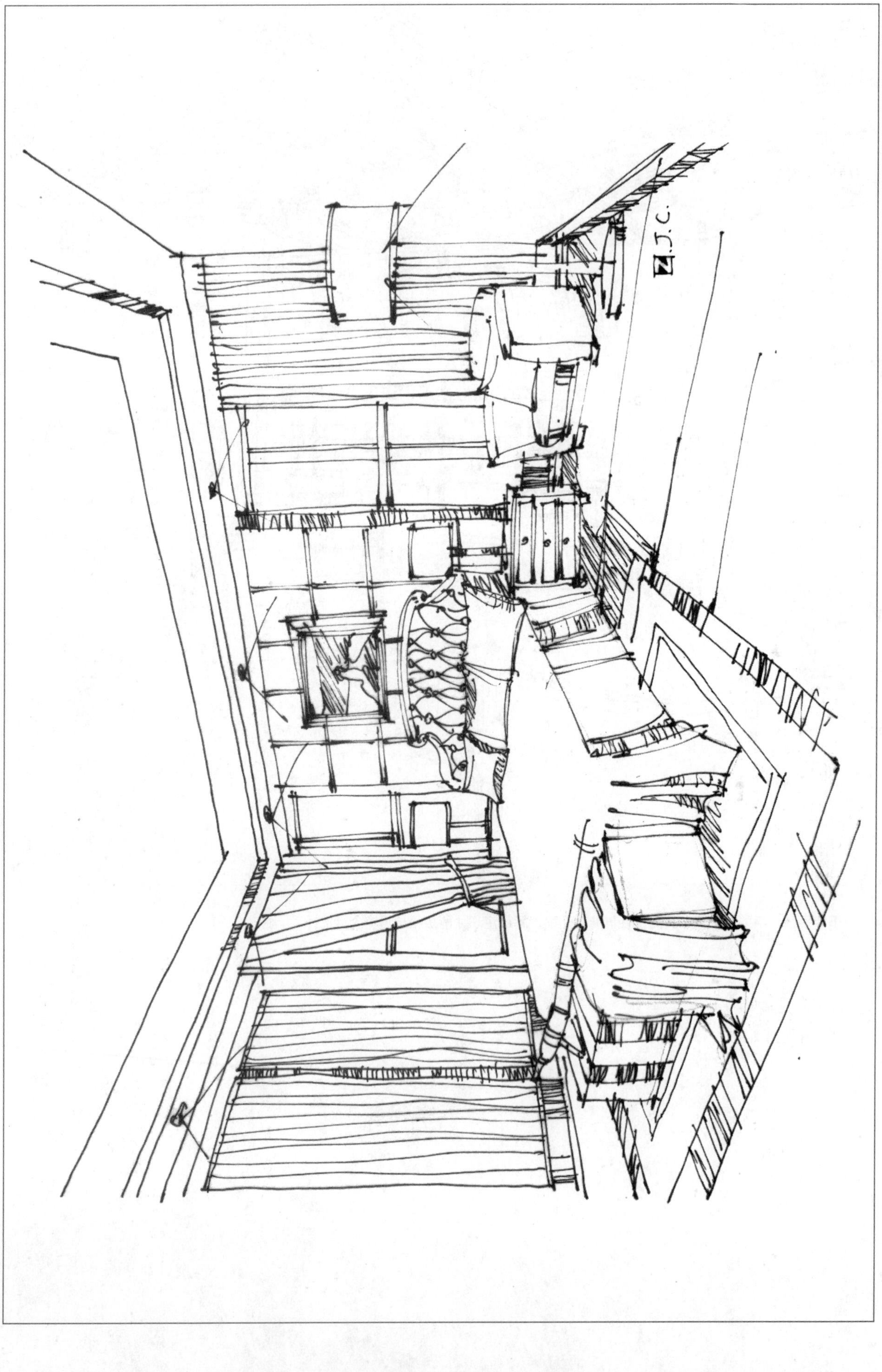

图 5-65　快速勾勒以抓住整体意象。

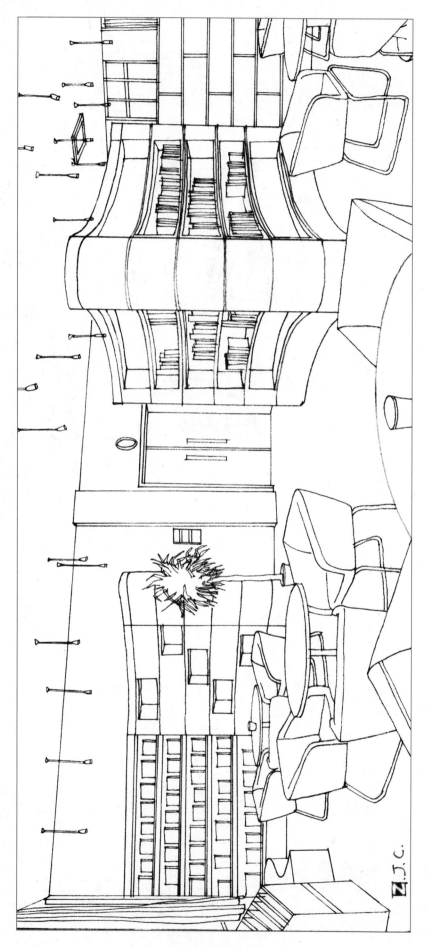

图 5-66 钢笔画不同于素描，要将结构从柔和变化的面与体量中提携出来，成为硬边边界。

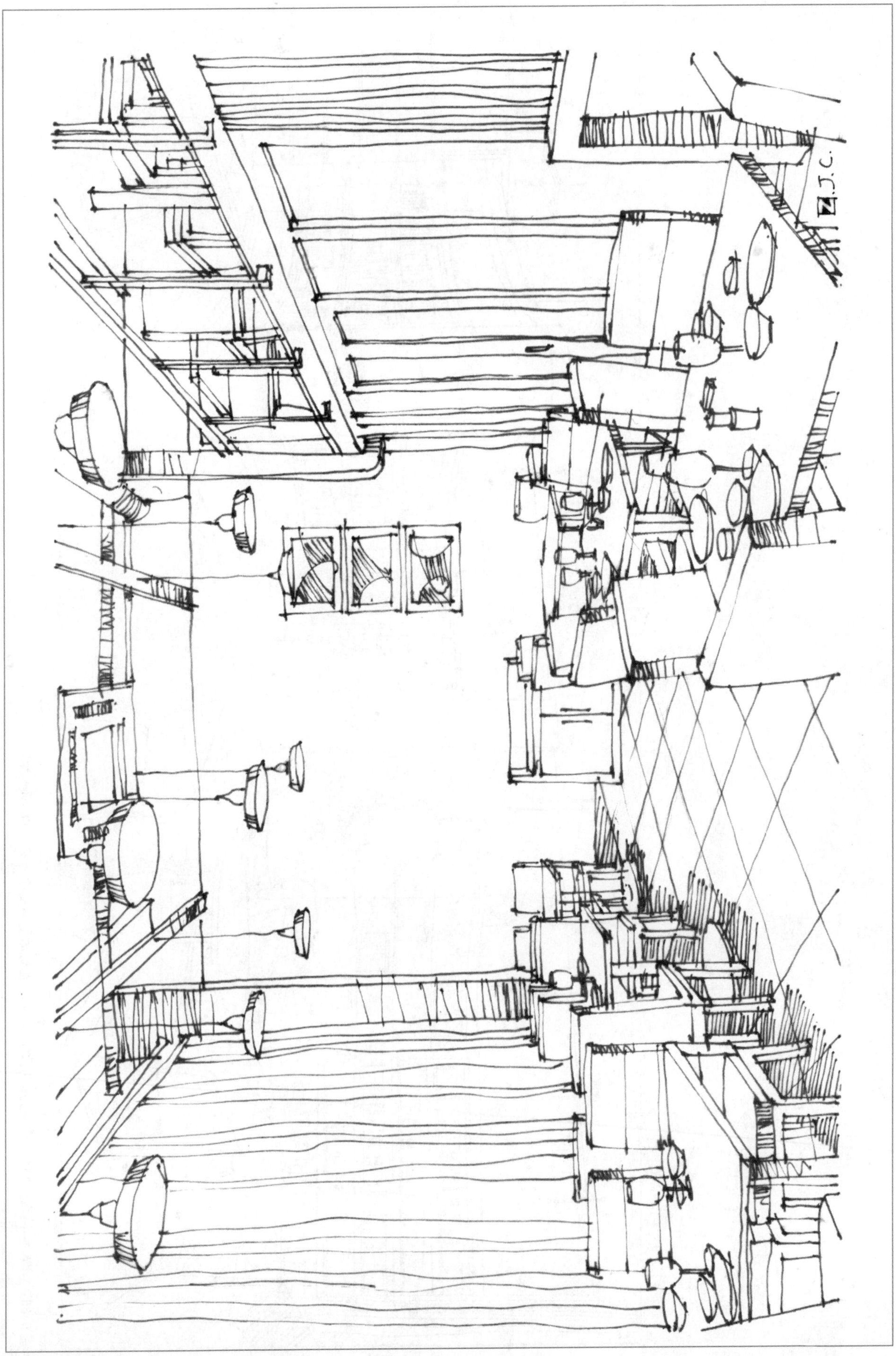

图 5-67 杯盏盘碟等小器物暗示了餐厅的空间性格。

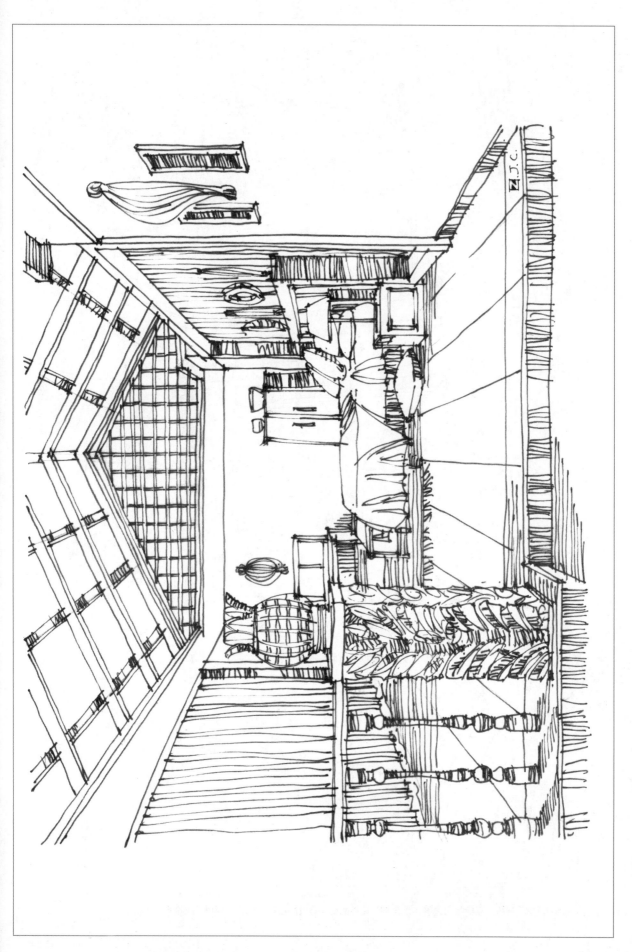

图 5-68 虽为平行透视，但装饰细节的刻画为安静的基调增加了活泼的音符。

图 5-69　相对平行透视而言，近乎水平的结构边缘还是会有朝较远的灭点消失的趋势，因此这种角度既稳定又不呆板。

图 5-70　顺应透视的屋顶排线与窗户百叶线使画面更有秩序感。

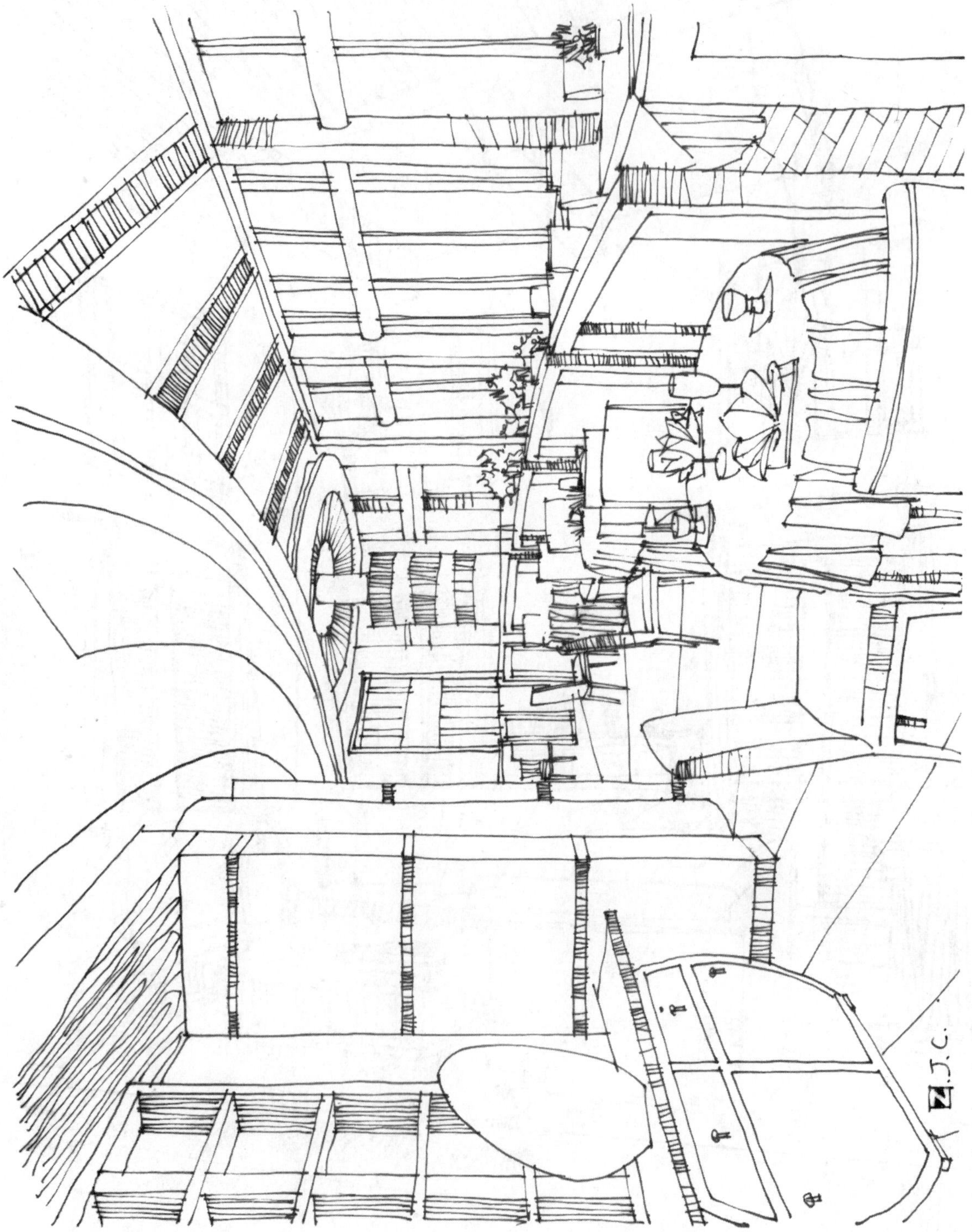

图 5-71　随着透视的消失，对于室内空间尽端渐小的家具也需要一丝不苟地刻画，以使视线完整地终结。

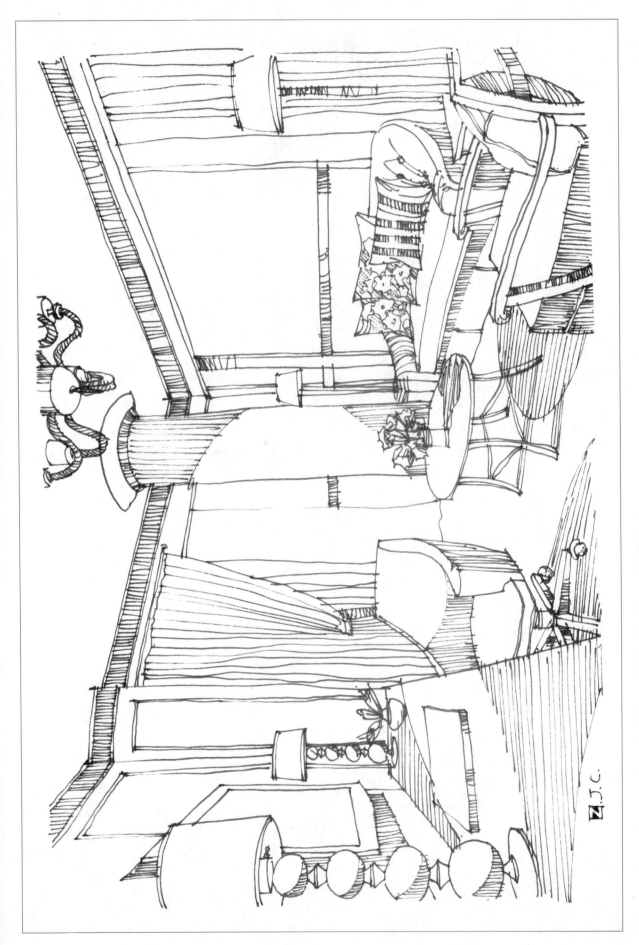

图 5-72 看似随意摆放的沙发座椅正好围合成较完整的区域，使画者更容易把握画面主题。

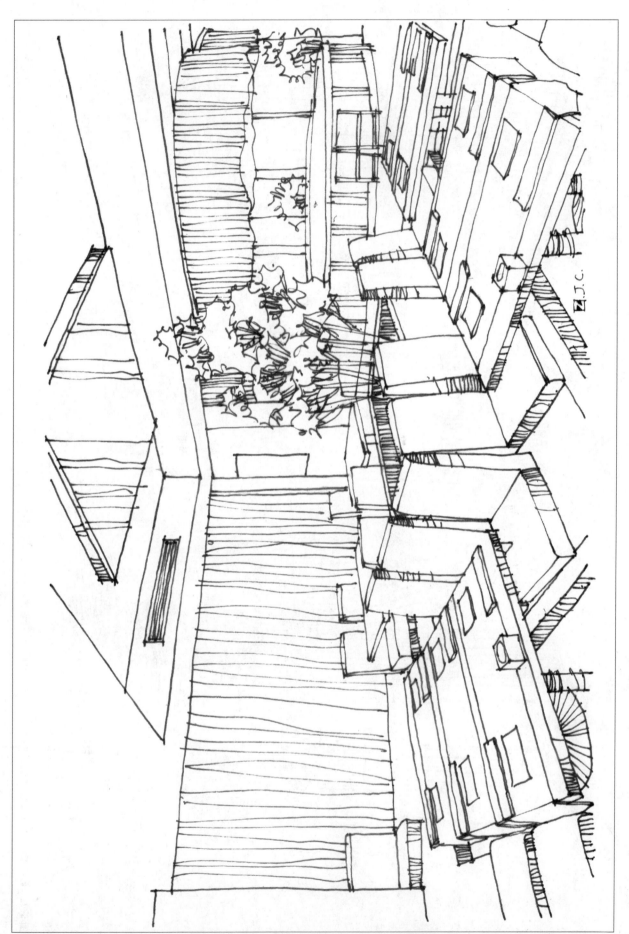

图 5-73　尝试在水平走势的空间中加入竖向构图元素，使其成为趣味中心。

图 5-74 植物配置柔化了建筑界面，也使视线产生有节奏的停顿。

图 5-75　高敞的尖顶屋架成空间中富有特质的语言，试图拉大与人之间的距离，并与下部柔软的窗帘和饱满的床饰织物构成情绪上的对比。

图 5-76　对于较高大的服装展示空间，模特人台以及衣物不仅反映了空间功能，也揭示了空间尺度。

图书在版编目（CIP）数据

建筑与室内钢笔表现技法 / 朱瑾，张建超，许晶著 . -- 上海：
东华大学出版社，2012.7
ISBN 978-7-5669-0089-0

Ⅰ . ①建 ... Ⅱ . ①朱 ... ②张 ... ③许 ... Ⅲ . ①室内
装饰设计 - 钢笔画 - 绘画技法 Ⅳ . ① TU204
中国版本图书馆 CIP 数据核字（2012）第 151412 号

责任编辑：谭 英
装帧设计：朱 瑾 闫紫微

建筑与室内钢笔表现技法
Jianzhu yu Shinei Gangbi Biaoxian Jifa

朱瑾 张建超 许晶 著
东华大学出版社出版
上海市延安西路 1882 号
邮政编码：200051 电话：（021）62193056
新华书店上海发行所发行
苏州望电印刷有限公司印刷
开本：889×1194 1/16 印张：11.5 字数：405 千字
2012 年 8 月第 1 版 2012 年 8 月第 1 次印刷
印数：0 001 ～ 4 000
ISBN 978-7-5669-0089-0/TU·014
定价：33.00 元